100 Dinge,
die echte Autofans einmal
getan haben müssen

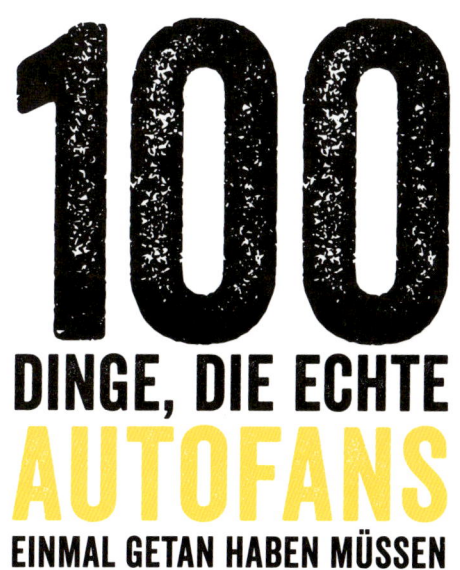

100

DINGE, DIE ECHTE

AUTOFANS

EINMAL GETAN HABEN MÜSSEN

GeraMond

IMPRESSUM

Verantwortlich: Martin Distler
Grundlayout: www.polygrafica.com
Repro: Repro Ludwig
Herstellung: Anna Katavic
Printed in Italy by Printer Trento

★★★★★

Sind Sie mit diesem Titel zufrieden? Dann würden wir uns über Ihre Weiterempfehlung freuen.
Erzählen Sie es im Freundeskreis, berichten Sie Ihrem Buchhändler, oder bewerten Sie bei Onlinekauf. Und wenn Sie Kritik, Korrekturen, Aktualisierungen haben, freuen wir uns über Ihre Nachricht an GeraMond Verlag, Postfach 40 02 09, D-80702 München oder per E-Mail an lektorat@verlagshaus.de.

Unser komplettes Programm finden Sie unter  www.geramond.de

Alle Angaben dieses Werkes wurden von der Autorin sorgfältig recherchiert und auf den neuesten Stand gebracht sowie vom Verlag geprüft. Für die Richtigkeit der Angaben kann jedoch keine Haftung übernommen werden.

Bildnachweis: siehe Seite 192

Die Deutsche Nationalbibliothek verzeichnet diese Publikation in der Deutschen Nationalbibliografie; detaillierte bibliografische Daten sind im Internet über http://dnb.d-nb.de abrufbar.

© 2016 GeraMond Verlag GmbH
ISBN 978-3-86245-567-6

Den Fahrersitz ziehst du eindeutig einem Sofa vor? Der Duft ordentlichen Benzins ist dir lieber als die Blumen in Mutters Garten? Du magst Öl an den Händen deutlich mehr als manikürte Fingernägel? Eine für dich adäquate Fortbewegung kann nur auf vier Rädern passieren? Und deine Beine dienen hauptsächlich dazu, das Gaspedal zu bedienen? Du bist ein wahrer Autofan! In diesem Buch findest du die coolsten 100 Dinge, die du in deinem Leben unbedingt einmal getan haben solltest - ein Punkt toller, spannender, informativer und lustiger als der andere. Viel Spaß dabei!

INHALT

SAGE „ICH LIEBE DICH" ZU DEINEM AUTO

Dein Auto begleitet dich überall hin und trägt dich über alle Straßen, egal, ob du gut gelaunt oder sehr niedergeschlagen bist? Es gehorcht dir in allen Lebenslagen? Es schützt dich vor Wind und Wetter, hilft dir beim Transport aller Dinge, die du für dein Leben brauchst (oder auch der Dinge, die andere Leute von dir brauchen)? Dein Fahrzeug ist immer für dich da? Für dich ist es nicht einfach nur Blech, sondern ein guter Freund, den du nicht missen möchtest?

Dann sage doch mal aus vollstem Herzen:

„ICH LIEBE DICH!"

Dein Auto springt nie an, wenn du es mal wirklich brauchst und es verursacht andauernd mehr Kosten, als du eigentlich bereit bist zu zahlen? An allen Ecken ist irgendetwas kaputt und niemals funktioniert alles gleichzeitig... aber du tauschst es trotzdem nicht gegen ein Neues?

Dann brauchst du es nicht mehr zu sagen, denn du liebst es wirklich!

2

PUTZ MAL MAMAS AUTO

Frauen und Autos sind ja in der Regel eher eine Zweckgemeinschaft. So wie die Damen ihr Auto oft nur nach Farbe und Kofferraumgröße aussuchen, so zweckmäßig wird das Fahrzeug auch behandelt: Zwar ordentlich und technisch gut gepflegt (von der Werkstatt), aber selten verwenden weibliche Fahrer viel Zeit auf ein picobello geputztes Auto, weil sie es einfach „nur" als Gebrauchsgegenstand betrachten, das im Alltag funktionieren soll und nicht unbedingt glänzen muss.

Aber umso mehr freuen sich Mütter über dieses Geschenk: Putz doch mal Mamas Auto! (Oder auch das deiner Freundin, Frau, Schwester, Nachbarin...) Nimm dir Zeit und schenke ihr einen blitzblanken Innenraum, staubfreie Oberflächen, fusselfreie Sitze...

Sie wird sich wochenlang daran erfreuen und bei jeder Fahrt an dich denken – **und du bist der Liebling des Monats.**

VERSTEHE DEINEN VIERTAKTMOTOR

1 : Ansaugen: Der Kolben bewegt sich nach unten. Das Einlassventil wird geöffnet und Gas-Luft-Gemisch gelangt in den Zylinder.

2 : Verdichten: Die Kurbelwelle treibt den Kolben nach oben. Alle Ventile sind geschlossen und das Gas-Luft-Gemisch wird komprimiert.

3 : Verbrennen: Die Ventile sind geschlossen und das Gas-Luft-Gemisch verbrennt explosionsartig (Zündung). Dadurch wird der Kolben nach unten beschleunigt und treibt die Kurbelwelle an. (Die Energie der Verbrennung wird so zur Rotationsenergie der Kurbelwelle und bewegt damit das Fahrzeug)

4 : Ausstoßen: Das Auslassventil wird geöffnet, die Abgase werden ausgestoßen.

Gottlieb Wilhelm Daimler entwickelte 1883 den ersten Benzinmotor, baute ihn im Oktober 1886 in eine Kutsche ein und schenkte uns damit den vierrädrigen Kraftwagen.

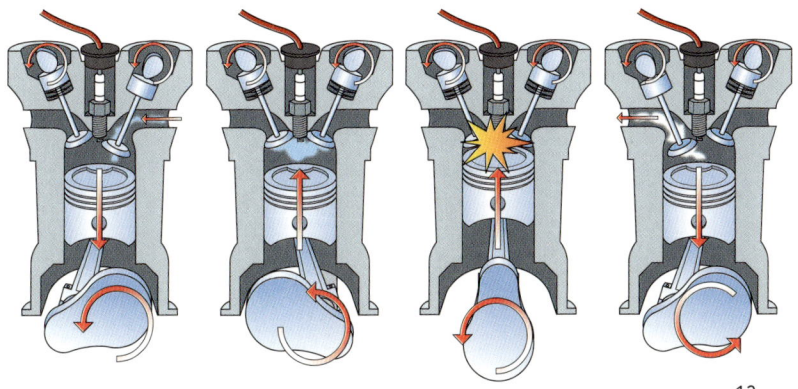

4 ÜBERNACHTE IN DEINEM AUTO

Unterwegs in den Urlaub und du findest einfach keine bezahlbare Übernachtungsmöglichkeit? Oder du bist voller Wut in dein Auto gestiegen, um mal den Kopf frei zu kriegen, und kurvst jetzt in der Dämmerung herum, magst aber trotzdem noch nicht nach Hause? Oder hast du dich irgendwo festgefeiert und kannst in diesem Zustand nicht mehr zu deinem eigenen Bett fahren?

Leg dich in dein Auto: Du wirst sicher nicht herrlich bequem, aber dafür gut und sicher schlafen.
Im Auto zu schlafen ist offiziell erlaubt, solange du auf einem legalen Parkplatz stehst. Wenn du allerdings angetrunken bist, musst du darauf achten, alles zu vermeiden, was danach aussieht, dass der Wagen gleich startet, also besser nicht auf dem Fahrersitz sitzen und den Schlüssel abziehen.
Weil du nächtlichen Besuch durch Polizei, besorgte Anwohner oder neugierige Fremde nicht ausschließen kannst: Bleibe auf jeden Fall anständig angezogen, hab eine gute Geschichte parat und versuche stets, einen guten Eindruck zu machen: Dann bekommst du keinen Ärger.
Damit du möglichst ungestört die Nacht verbringen kannst, versuche, einen guten Stellplatz zu finden (nicht zu abgelegen, aber auch nicht mitten im Getümmel), und parke dein Auto so, dass es möglichst schwierig ist, dir durch die Fenster beim Schlafen zuzugucken.
Und wenn du von der Sonne wachgekitzelt werden willst, parke deine Frontscheibe in Richtung Osten.

5

TRENN DICH VON IHM/IHR, WENN ER/SIE SAGT: „DEIN AUTO ODER ICH"

TRENN DICH VON DEINEM AUTO,
WEIL ER/SIE ES WILL

MEISTERE EINE PANNE

Der Alptraum aller Autofahrer ist eine Panne im absoluten Niemandsland, in der Nacht alleine oder im Ausland. Egal, wo sich dein Auto entscheidet, stehen zu bleiben: In dieser Situation solltest du cool bleiben können und dir zu helfen wissen, dann verliert dieser Alptraum seinen Schrecken.

1: **Das Wichtigste zuerst: Warnblinker an und sofort runter von der Fahrbahn!** Wenn dein Fahrzeug fahruntüchtig ist, schiebe es schnellstmöglich von der Spur, damit es den nachfolgenden Verkehr nicht blockiert oder gar gefährdet.

2: Alle Insassen müssen das Auto verlassen, die **Warnwesten überziehen und hinter die Leitplanke treten** bzw. möglichst weitab der Straße bleiben.

3: Das Fahrzeug muss jetzt schnellstmöglich **mit dem Warndreieck gesichert werden**: Auf der Landstraße in 100 Metern Abstand hinter dem Auto, auf der Autobahn sollen es 150 Meter sein.

4 Sind Auto und Beifahrer gesichert, wird der Notruf abgesetzt: Wenn du kein Handy dabei oder keinen Empfang hast: **Kleine schwarze Pfeile an den Leitpfosten weisen auf die Lage der Notruftelefone hin**. Auf diesen ist nicht nur eine Gebrauchsanweisung der Notrufsäulen beschrieben, sondern auch die genau zu beantwortenden Fragen der Helfer und – auch für Handytelefonierer sehr wichtig: **Der exakte Standort!** (Wenn du also deine genaue Position nicht weißt, zu der du deinen „Retter" lotsen willst: Sieh hier nach!)

Ins Auto gehören auf jeden Fall:
- Warndreieck
- Warnwesten
(für alle Mitfahrer)
- Verbandskasten
- Reserverad
- Starthilfekabel

Ideal, wenn man weiss, wie damit umzugehen ist:
- Abschleppseil
- Wagenheber
- Ersatzglühlampen

Ein Plus, über das du dich im Notfall freuen wirst:
- Handschuhe
- Taschenlampe
- Warme Decke(n)

LASS ES BEIM AUTOSCOOTER SO RICHTIG KRACHEN

1: Haufenweise Chips kaufen.

2: Reinsetzen.

3: Lässiges Gesicht aufsetzen.

4: Gas geben.

5: Draufhalten!

SPIELE AUSGIEBIG AUTOQUARTETT

Ein großartiger Zeitvertreib für Regentage, Lange-
weile, Wartezeiten oder stromlose Stunden!

Hier zur Erinnerung die Spielregeln zum sofortigen
Loszocken:
Es können zwei oder mehr Personen teilnehmen.
Die Karten werden gut gemischt, gleichmäßig ver-
teilt und so gestapelt in der Hand gehalten, dass
jeder nur sein eigenes oberstes Blatt sehen kann.
Der Spieler links vom Geber wirft eine „Kenngrö-
ße" seiner Karte (wie zum Beispiel die Anzahl der
Zylinder, Motor-Leistung, Höchstgeschwindigkeit,

maximale Drehzahl oder Beschleunigung) in die Runde und die Mitspieler halten mit entsprechenden Daten auf ihren obersten Karten dagegen.

Der Spieler, dessen Karte den besten Wert hat, gewinnt die obersten Karten aller Mitspieler und legt diese zuunterst zu seinem Päckchen.

Können zwei oder mehr Spieler denselben besten Wert nennen, so legen alle Spieler ihre obersten Karten in die Mitte, und die Spieler mit dem besten Wert spielen eine Entscheidungsrunde: Der Spieler, der zuvor angesagt hat, nennt wieder eine Kennzahl und der Sieger dieser Runde gewinnt zusätzlich zu den Karten aus der Stichrunde die Karten aus der unentschiedenen Runde.

Hat ein Spieler alle Karten verloren, so scheidet er aus und das Spiel wird von den übrigen Teilnehmern fortgesetzt.

Der Spieler, der zuletzt alle Karten auf der Hand hat, ist Sieger.

Quartett ist in den USA auch unter dem Namen „Everlasting" bekannt, da das Spiel unter Umständen sehr, sehr lange dauern kann!

Möglicherweise empfiehlt es sich, ein Zeitlimit zu setzen: Sieger ist dann, wer am Ende der vereinbarten Spieldauer die meisten Karten besitzt.

10 VERLEIHE GROSSZÜGIG DEIN AUTO

Bereits beim Abschluss einer Autoversicherung solltest du überlegen, wer sich das Auto künftig möglicherweise öfter ausleihen möchte und diese Person mit eintragen lassen.

Du liebst dein Auto? Dein Auto liebt dich? Dann sei großzügig damit, denn es gibt viele, die genau dein Fahrzeug gut gebrauchen könnten... Bleibe entspannt und sei nicht zu kritisch: Sieh über kleine Kratzerchen hinweg (den nächsten machst du wieder selbst) und rechne nicht jeden Kilometer auf – es ist ein Freundschaftsdienst, den du gerne machen solltest.

Allerdings kann bei einem Unfall die Freundschaft schnell auf die Probe gestellt werden, weswegen es einiges zu beachten gibt, damit aus deiner Freundlichkeit kein Streit entstehen kann:

1: Vor Fahrantritt unbedingt den Führerschein zeigen lassen, denn hat der Leihende keinen, macht sich der Autobesitzer strafbar.

2: Ist geklärt, wie das Auto versichert ist? (Kaskoversicherung? Selbstbeteiligung?) Bedenke: Bei einem Unfall übernimmt die Kfz-Haftpflicht zwar alle Schäden an anderen Fahrzeugen, nicht aber an deinem.

3: Nach einem Unfall, dessen Kosten die Versicherung übernimmt, steigt unter Umständen deine Versicherungsprämie, d. h. für Geber und Nehmer: Um Streit gar nicht entstehen zu lassen, sollte vor der Übergabe (schriftlich) vereinbart werden, dass der Entleiher alle Schäden, die nicht von einer Versicherung gedeckt werden, übernimmt.

4: Fährt dein Wagen ohne dich ins Ausland, solltest du eine Vollmacht mitgeben, damit die Grenzer nicht an ein geklautes Fahrzeug denken müssen.

FAHR EINMAL DIE ROUTE 66

Um das Lebens- und Freiheitsgefühl Amerikas in vollen Zügen zu genießen und kennenzulernen: Nimm dir etwa drei bis vier Wochen Zeit, um mit einem (möglichst coolen!) Ami-Schlitten auf der Route 66 quer durch die USA zu kreuzen, denn diese Strecke steht heute noch als Symbol für Freiheit, Ungebundenheit und Hoffnungen der „guten alten Zeit". Alte Diners, grandiose Landschaften, ursprüngliche Bewohner...: **Der Weg ist das Ziel.**

Die Route 66 ist eine knapp 4.000 km lange historische Strecke in den USA und führt von Osten/Chicago an die Westküste nach Santa Monica/Los Angeles.

Sie war ab 1926 die erste durchgehende Verbindungsstraße der amerikanischen Küsten.

Mit dem Bau der parallel laufenden Interstates ab Ende der 50er-Jahre war diese Straße plötzlich überflüssig und ist heute nicht mehr komplett befahrbar.

12 TOP 10
ROAD-SONGS

1 Thomas D. „Rückenwind"

„... spür die Freiheit in mir,
denk: Das ging aber schnell.
Bleibe besser im Hier
denn es gibt kein Zurück
und alles was ich brauch,
ist mein Auto und Glück... "

2 Red Hot Chili Peppers „Road Trippin'"

3 Caspar „Auf und davon"

4 Iggy Pop „Passenger"

5 Tracy Chapman „Fast car"

6 Daniel Cirera „Roadtrippin'"

7 AC/DC „Highway to Hell"

8 Steppenwolf „Born to be wild"

9 Robbie Williams „Road to Mandalay"

10 The Road Hammers „I've Been Everywhere"

RESTAURIERE EIN AUTO

Such dir das Fahrzeug deiner schlaflosen Nächte (zu einem Preis, den du noch entspannt zahlen kannst) und investiere dann all dein restliches Geld, deine Zeit, dein Blut, deinen Schweiß und deine Tränen – und du wirst nach langen, wirklich harten Monaten dein absolut unverbesserbares und einfach nur perfektes Traumauto vor dir erstrahlen sehen! Unbeschreiblich!
Welch ein Gefühl...!

MACH MAL DAS GEGENTEIL VON DEM, WAS DAS NAVI RÄT

Eine der letzten Herausforderungen unserer durch-technisierten Gesellschaft ist die Emanzipation von allem technischen Gerät.

Fällt dir schwer? Dann mach dir doch einfach mal den Spaß und mach das exakte Gegenteil von dem, was dir dein Navigationsgerät rät! Fahre genau dorthin, wo du nicht sollst – links statt rechts, auf der Straße bleiben, statt abbiegen: Mal sehen, wie toll es dort ist, wo du landest, wenn du den Weg selbst entscheidest!

15 BESUCHE MIT FREUNDEN DAS AUTOKINO...

Am besten passen vier Freunde in ein Auto. Dann ist noch genug Platz für Unmengen an Fast Food, Chips, Bier / Cola und Süßigkeiten...

Besonders toll ist ein richtig unheimlicher oder extrem spannender Film, denn in keinem Kino sonst kann man sich so hemmungslos laut fürchten, sich dem Sitznachbarn an den Hals werfen oder vor Schreck kreischen, wie hier!

...ODER VERPASSE IM AUTOKINO DEN FILM

Du und deine Lieblings-Person – und das Auto ist voll! Zwischen euch passt nicht mal mehr eine Handbreit Luft, geschweige denn eine Chipstonne, damit ihr den Film im Autokino in aller Intensität ansehen könnt. Also, ihr versucht zumindest eine Zeit lang, dem Film zu folgen, aber eigentlich ist es doch viel spannender, zu sehen, wie sich dein Liebling im Flimmerlicht ansehen lässt... und einfach nur wunderschön, den Film zu verpassen, um die Realität zu genießen.
Den Ton kann man übrigens ausschalten!
Und den Film (wenn er denn überhaupt der Grund fürs Kino war?) kannst du dir dann irgendwann immer noch mal auf DVD angucken...

17
FLIRTE
AN DER ROTEN AMPEL

Ein trister Tag und du stehst schon wieder genervt im Stadtverkehr? Es geht nicht nur dir so – gelangweilte Fahrer vor jeder roten Ampel. Mach was dagegen: Finde einen attraktiven Menschen im Nebenauto und schenke ihm dein strahlendstes Lächeln, flirte ihn an! Du wirst sehen: Die Sonne geht auf, ein Spiel beginnt und die rote Ampel bekommt plötzlich einen Sinn.

Dein Flirt ist spielerisch, unverbindlich und du hast es selbst in der Hand Gas zu geben oder abzubiegen. Und das Lächeln in eurer beider Gesichter wird euch ein paar Stunden des Tages begleiten...

GIB DEINEM AUTO EINEN NAMEN

18

Du bist sicher, dass dein Auto etwas Besonderes ist und findest es schon fast menschlich, schließlich hat es Ohren, ein Gesicht und einen Hintern. Außerdem schenkst du deinem Auto als einzigen Gebrauchsgegenstand so viel Zuwendung, wie sonst keinem anderen Ding... Na, dann gib ihm doch einen Namen!

Dein Liebling wird damit nicht nur unverwechselbar, sondern du kannst so auch viel besser und effektiver mit deinem Auto kommunizieren:
Wird „Hühner Hugo" nicht deutlich schneller, wenn du ihm schmeichelnde Worte zuflüsterst?
„Ilse" findet wirklich viel schneller einen Parkplatz, wenn sie freundlich aufgefordert wird, mitzusuchen.
Wenn „Knut" lautstark angefeuert wird, wird er seine letzten Reserven mobilisieren, um die leichte Steigung auf der Autobahn doch zu schaffen...
Und „Franz" hat es nach allen dankbaren Lobhudeleien trotzdem mehr als verdient, richtig angebrüllt zu werden, wenn er schon wieder nicht anspringt!

Die Namenssuche für ihre Modelle ist für die Autohersteller eine heikle Angelegenheit. Mitsubishi gelang ein echter Fehlgriff mit dem Geländewagen „Pajero", denn das Wort bedeutet auf Spanisch „Feigling" und in Lateinamerika „Wichser".
Auch Audi griff mit „E-tron" für seinen Elektrosportwagen voll daneben:
In Frankreich versteht man unter „Étron" einen Kothaufen.

35

FAHR MAL EIN ECHTES AUTORENNEN

Wenn du dich eigentlich als perfekten Fahrer betrachtest, der aber mal wieder eine richtige Herausforderung braucht, dann fahr doch mal ein echtes Autorennen! Hier kannst du beweisen, wie es um deine Kurvenführung, Beschleunigungsfähigkeit und um deine perfekten Bremsaktionen tatsächlich steht:
Auf einigen schönen und modernen Rennstrecken kannst du mit einem gemieteten Sport- oder Rennwagen selbst fahren und testen, wie du mit einem richtigen Vollblutauto zurechtkommst.

Es ist ein unglaubliches Erlebnis bei so spektakulären Wagen wie beispielsweise dem Aston Martin SP10, Audi R8, Porsche 911, Lamborghini Gallardo, Ferrari etc. selbst am Steuer zu sitzen und über eine Rennstrecke zu heizen...

Oder du nimmst an sogenannten „Touristenfahrten" teil, die zu festen Terminen auf den Rennstrecken angeboten werden. Hier kannst du dich mit deinem eigenen Auto in einen Geschwindigkeitsrausch begeben und dich bei Maximalgeschwindigkeit wie ein neuer Sebastian Vettel fühlen...

RANGIERE
EINEN ANHÄNGER RÜCKWÄRTS

Eine große Herausforderung ist das Ziehen eines Anhängers mit einem Auto nicht unbedingt, denn wenn du vorsichtig und vor allem umsichtig fährst und die Kurven großzügig nimmst, kann eigentlich nicht viel passieren.

Wenn du allerdings versuchst, mit dem Anhänger rückwärts zu rangieren, stößt du als Ungeübter rasch an deine Grenzen! Es bedarf einiger Übung, weshalb du dir Zeit nehmen solltest, auf einem leeren Parkplatz in Ruhe zu probieren:

1: Mit Hilfe einer zweiten Person und einiger Kegel o. Ä. als Markierung fällt es dir zu Beginn leichter.

2: In den Rückspiegeln müssen die Enden deines Anhängers gut zu sehen sein.

3: Eine Hand legst du auf die Unterseite des Lenkrades (6-Uhr-Position): so musst du nur deine Hand in die Richtung bewegen, in die der Anhänger fahren soll. Probiere es aus! Mit diesem Trick wird dir so gut wie nie mehr passieren, dass du das Lenkrad beim Rückwärtsfahren in die falsche Richtung drehst.

4: Bleib sehr langsam und lass den Winkel zwischen Hänger und Auto nicht zu eng werden, weil du dich sonst verkeilst und nichts mehr zu bewegen ist.

5: Rangiere lieber in Ruhe und ein paar Mal zu oft, als deinen Hänger oder etwas anderes zu demolieren.

LASS DICH BLITZEN
UND MACH DABEI GRIMASSEN

21

Weihnachten oder Geburtstage kommen ja immer so unerwartet... Wenn du aber weißt, wo ein ständiger Blitzer steht, dann mach dir doch mal den Spaß, dich mit Absicht blitzen zu lassen und dabei eine super Grimasse zu machen. Bis 10 km/h zu schnell kostet dich das „Starenkasten"-Foto nur 10 Euro – und schon hast du dir ein tolles, sehr extravagantes Geschenk für Mama gesichert (von der du hoffentlich deinen Humor geerbt hast...).

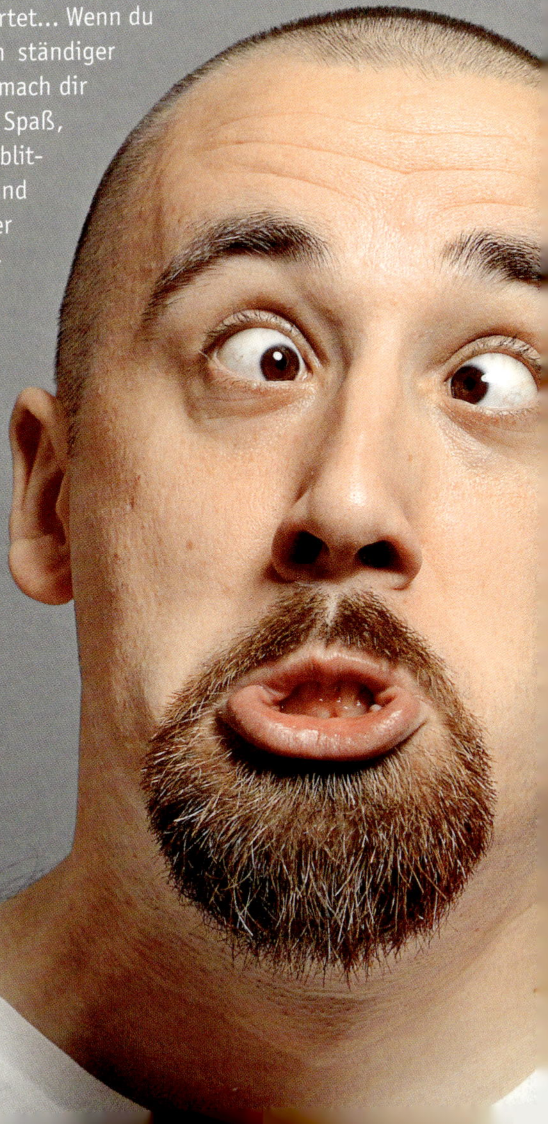

STELL DIR EINE SPEZIELLE FAHR-PLAYLIST ZUSAMMEN

22

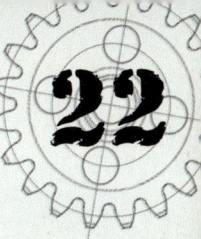

Mit der richtigen Musik kannst du dich in deine gewünschten Emotionen versetzen: Stelle dir spezielle Playlists oder CDs zusammen, die du immer bei dir im Auto hast. Jede Strecke, jeder Tag, vielleicht sogar jedes Wetter benötigt unbedingt die passende Musik.
Eine schöne Idee, um auf Reisen zu gehen, ist eine Musikzusammenstellung nach Thema: Wähle einen Begriff, der dich gerade beschäftigt (Liebe, Zeit, Freiheit... o. Ä.) und suche konkret nach Musikstücken, die um dieses Wort kreisen. Du wirst erstaunt sein, welch spannende Musik du findest und wie perfekt sie dich auf deinen Wegen begleiten wird.

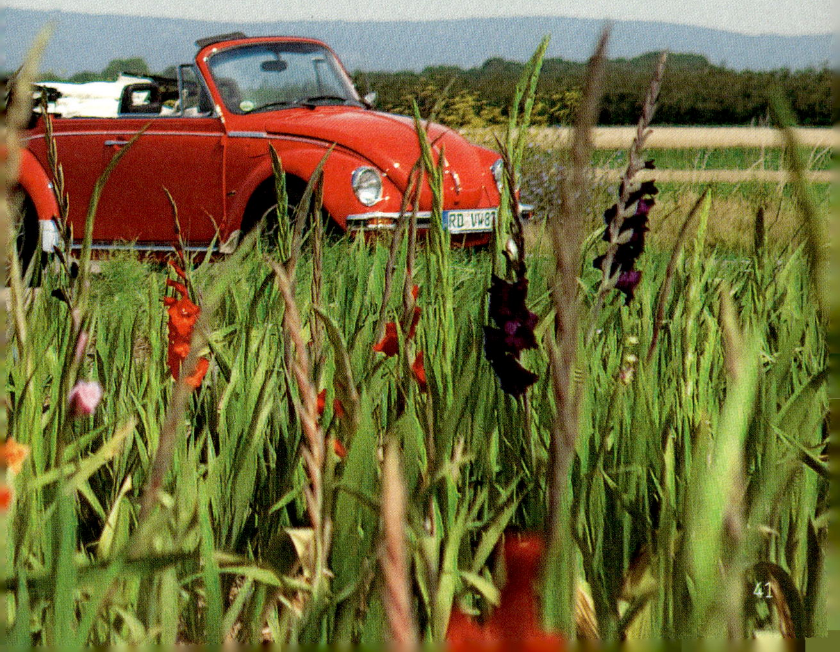

23

VERSUCHE, EINEN MONAT AUF DEIN AUTO ZU VERZICHTEN

Schwierig... – aber durchaus mal eine Erfahrung wert. Ob du den Verzicht freiwillig übst (vielleicht als Fastenübung oder aus Umweltschutzgründen – möglicherweise möchtest du auch nur mal als Vorbild dienen?) oder vielleicht notgedrungen machen musst (Führerschein verwahrt derzeit die Polizei für dich oder weil du gerade keinen Wagen hast): Es ist interessant, zu erfahren, wie mobil man ist, ohne ein eigenes Auto zu besitzen.

1 Stadtbewohner haben den großen Luxus eines sehr gut ausgebauten öffentlichen Nahverkehrs. Als Autojunkie kannst du dich nur wundern, wie hervorragend du dich mit den öffentlichen Verkehrsmitteln in der Stadt bewegen kannst: Probiere es aus!

2 Mit dem Fahrrad kommst du quasi überall hin. Ja, der Spaß daran ist wetterabhängig, aber nicht umsonst gibt es das geflügelte Wort, dass es kein falsches Wetter, sondern nur die falsche Kleidung gibt...

3 Falls du allerdings garantiert trocken bzw. unverschwitzt ankommen willst oder öfter Großes zu transportieren hast, dann denke darüber nach, dich bei einem Carsharing-Anbieter anzumelden.

4 Und wenn du dein Auto einen Monat nicht bewegst, hast du einiges an Geld übrig, um dir hier und da den Luxus eines Taxis zu gönnen...

24 NIMM DOCH MAL EINEN TRAMPER MIT

Wenn du mal wieder eine längere Autoreise vor dir und dabei Lust auf unterhaltsame Gespräche hast, nimm einen Anhalter mit. Sei offen für einen oder zwei sympathische Menschen, die dich an der Raststätte ansprechen oder dir spontan am Straßenrand zuwinken: Tramper haben meist wirklich viel und Spannendes zu erzählen und du wirst mit einer kurzweiligen Fahrt belohnt.

Auch wenn du an einer Bushaltestelle deiner Stadt vorbeikommst: Frag doch einfach mal, ob du den Wartenden ein Stück mitnehmen kannst – dein leerer Beifahrersitz ist ein ungeheurer Luxus für Nichtautofahrer und du erfreust jemanden damit, der sich dafür mit einem netten Gespräch bedanken und deinen Tag bereichern wird.

VERSUCHE EINEN SPEKTAKULÄREN BURNOUT

25

Völlig unvernünftig, übertrieben prolrtig, eher peinlich – und gerade deswegen sehr spaßig: Probiere an der Ampel einer sehr unbelebten (!) Straße einen Burnout oder „Kavaliersstart".

1: Du brauchst einen kräftigen Motor, Heckantrieb und Handschaltung.

2: Handbremse ziehen, im ersten Gang die Kupplung durchdrücken, mit dem Gas spielen und den Motor richtig hoch drehen lassen.

3: Sobald du die Kupplung loslässt, werden sich die Reifen sehr schnell drehen. Du kannst dein Auto dann entweder bei Grün mit einem Kavaliersstart losschießen lassen oder durch das Anziehen der Handbremse auf der Stelle halten. Mit angezogener Handbremse drehen deine Reifen sehr schnell durch und qualmen spektakulär. Das ist der klassische Burnout: Super!

! *Automatikgetriebe funktioniert beim Burnout nicht!*

! *Du läufst bei einem Burnout immer Gefahr, deine Antriebswelle oder deine Achsen zu beschädigen.*

! *Burnouts sind übrigens im Straßenverkehr verboten.*

47

26
MIETE DIR EIN WOHNMOBIL

Um erst einmal auszuprobieren, ob dir diese Art des Urlaubs überhaupt gefällt, ob du und deine Mitreisenden es miteinander auf kleinem Raum aushalten und ob du mit der ungewohnten Dimension des Fahrzeugs beim Fahren zurechtkommst: Miete dir ein Wohnmobil, bevor du eins kaufst.

Und du wirst (wenn alle Tests positiv verlaufen sind) feststellen: Eine entspannte Reise mit dem Wohn-mobil ist die größtmögliche Urlaubs-Freiheit, denn du reist in deinem eigenen Tempo, du hast alles dabei, um dich wohlzufühlen, und du bist absolut frei, genau dort stehen zu bleiben, wo es dir gefällt.

Dein Auto ist dein „Baby", du hast ihm einen passenden Namen gegeben und pflegst es mit Hingabe? Dann fehlt eigentlich nur noch die individuelle Dekoration, um es zu deinem perfekten Lebensbegleiter zu machen: Sei mutig!

28 TOP 5
AUTO-ZITATE

1: „Ein Auto ist erst dann schnell genug, wenn man morgens davor steht und Angst hat, es aufzuschließen."

Walter Röhrl, Rennfahrer

2: „Wenn es keinen Spaß macht, ist es kein Auto."

Akio Toyoda, Toyota- und Lexus-Chef

3: „Das Auto ist eine vorübergehende Erscheinung. Ich glaube an das Pferd."

Wilhelm II., Deutscher Kaiser

4: Wenn ich die Menschen gefragt hätte, was sie wollen, hätten sie gesagt: schnellere Pferde.

Henry Ford, Automobilfabrikant

5: Ich habe viel von meinem Geld für Alkohol, Weiber und schnelle Autos ausgegeben ... Den Rest habe ich einfach verprasst.

George Best, Fußballer

MACH EINEN SCHWEISSER-KURS

29

VIELLEICHT WIRST DU DIESES HANDWERK NIE
BRAUCHEN KÖNNEN – ABER ES MACHT ERSTENS
RIESIG SPASS UND GIBT DIR ZUDEM EIN
GUTES VERSTÄNDNIS DAFÜR, WIE AUFWÄNDIG EINE
REPARATUR AN ROSTSTELLEN IST. DU WIRST ALSO
IN ZUKUNFT MEHR FÜR DIE PFLEGE DEINES AUTOS
TUN, UM ROST ZU VERMEIDEN, UND KANNST
DAMIT DEIN AUTO WIEDER ETWAS
BESSER VERSTEHEN...

30 KAUF DIR DEIN ERSTES AUTO NOCH EINMAL

Und? Welches war dein erstes Auto? Hast du es einfach geerbt von Oma? Oder haben dir deine Eltern ein besonders praktisches Modell zum 18ten geschenkt? Oder hast du monatelang eisern gespart und dir das Auto deiner Träume gekauft? Egal, wie du dazu gekommen bist: Es war eine besondere Kiste. Du hast damit wahrscheinlich kleine oder sogar große Abenteuer erlebt, hast darin gestritten, gefeiert und geflirtet, du hast dein erstes Auto geliebt und es vielleicht sogar besonders gehegt...

Auch wenn es dich manchmal im Stich gelassen, dich dein letztes Hemd gekostet hat oder du unendlich viel Zeit in Reparaturen gesteckt hast:

Kaufe dir das gleiche Modell noch einmal! Du wirst sehen, dass du es auf Anhieb wieder lieben und du dich zurückversetzt fühlen wirst in die Tage unbeschwerter Anfänge deiner Autofahrerzeit:

Einsteigen und jung fühlen...

31 LERNE, DIE PERFEKTE STARTHILFE ZU GEBEN

Es gibt öfter mal Gelegenheit, Mitmenschen aus der Patsche zu helfen, aber wenige Hilfen sind so wirkungsvoll und dabei so einfach, wie zur rechten Zeit die perfekte Starthilfe anbieten zu können.

1: Parke das funktionierende Auto nahe dem fahrunfähigen Auto, ohne dass sie sich berühren, und schalte alle Stromverbraucher in beiden Auto aus.

2: Stelle fest, welches die positiven und welches die negativen Anschlüsse der Batterien sind: Der **positive Anschluss** ist mit einem Pluszeichen markiert und normalerweise mit einem **roten Kabel** verbunden. Der **negative Anschluss** ist mit einem Minuszeichen markiert und normalerweise mit einem **schwarzen Kabel** verbunden.

3: Verlege die Kabel zwischen den Batterien und achte auf eine sichere und saubere Verbindung: Rote Klemme mit + Anschluss der leeren Batterie, die andere rote Klemme mit + Anschluss der guten Batterie.

Konzentriere dich und verwechsele keinesfalls die Pole, denn das wird teuer! Merke:

Erst rot:
Erst leer, dann voll
Dann schwarz:
Erst voll, dann Metall

Dann die schwarze Klemme mit dem - Anschluss der guten Batterie, die andere schwarze Klemme mit der Masse des fahrunfähigen Autos: Am besten am Motorblock oder einem anderen unlackierten, nicht verölten Metall, das mit dem Motor verbunden ist. (Bitte die Polzange möglichst nicht mit dem negativen Anschluss der leeren Batterie verbinden, da sich hier Knallgase entzünden können.)

4 : Starte das funktionierende Auto, lass es ein paar Minuten im Leerlauf laufen, gib etwas Gas, um die leere Batterie zu laden, und versuche dann, das fahrunfähige Auto zu starten. (Bitte nicht zu oft, da bei Benzinern durch unverbrannten Kraftstoff der Kat geschädigt wird.)

5 : Sobald der Motor startet, schalte einen starken elektrischen Verbraucher (Gebläse) an, um Spannungsspitzen beim Abklemmen zu vermeiden.

6 : Entferne die Starthilfekabel in umgekehrter Reihenfolge:
Löse die schwarze Klemme an dem Auto, das nicht betriebsbereit war, dann die schwarze Klemme von der guten Batterie.
Entferne die rote Klemme von dem positiven Anschluss der guten Batterie und dann die andere rote Klemme.

Erst nach einer langen Überlandfahrt wird die Batterie wieder richtig gut aufgeladen sein.

NUTZE DEIN TRAUMAUTO AUCH IM ALLTAG

Ja, es ist absolut unvernünftig, ein teures oder gar wertvolles Auto im Alltag zu benutzen!

Nein, es ist wirklich nicht gescheit, deinen Oldtimer von dreckigen Kinderhänden, Schokoladenkekskrümeln oder Hamburgerresten beschmutzen zu lassen.

Auch alltägliche Kurzstrecken sind eher schädlich, das Parken auf zu schmal bemessenen Parkplätzen sehr übel und der übliche Stadtverkehr ist eine ernstzunehmende Gefahr für dein Traumauto.

Aber:

Wie absolut wunderbar ist es jedesmal, in genau dieses Auto zu steigen? **Jede Minute, in der du dich mit diesem Wagen fortbewegst, macht dich glücklich!** Dein Alltag wird mit jeder Fahrt lichter und bunter – das allein ist doch Grund genug, das Herz gegen den Kopf gewinnen zu lassen, oder?

Und Kindergeburtstags-Transporte, schlammige Offroadfahrten zum Skilift oder die Benutzung der kleinsten Parkhäuser kannst du dir ja einfach sparen...

SPÜR ADRENALIN PUR IM NASCAR RENN-TAXI

Die Geschichte der NASCAR begann in den 20er Jahren, der Zeit der Prohibition in den Vereinigten Staaten: Große Schmugglerringe frisierten ihre Autos, um schneller die verbotene Ware zu transportieren. Schon bald hielten sie auf abgesperrtem Gelände Rennen ab, z.B. im jetzt legendären Daytona Beach. Für die Sieger gab es Preise wie eine Kiste Zigarren oder eine Flasche Alkohol.

Aus diesen privat organisierten Rennen entstand 1948 die „National Association for Stock Car Auto Racing", kurz: Nascar, die eine bis heute ungeheuer populäre Meisterschaft aufzog.

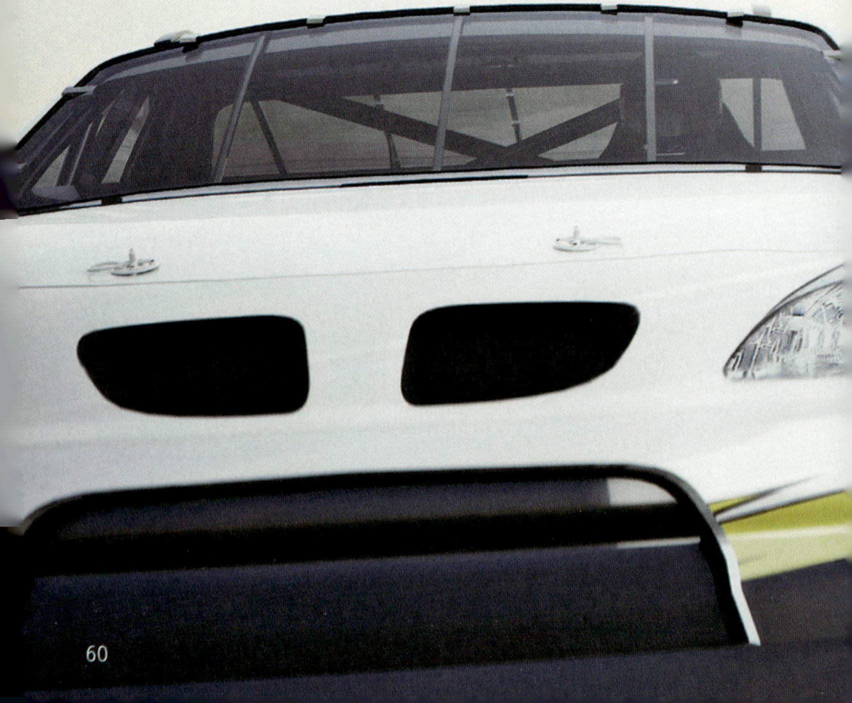

Die Autos sehen aus, als kämen sie vom Händler um die Ecke – die Silhouette der Karosserie ist millimetergenau vorgeschrieben, damit sich niemand einen technischen Vorteil verschafft. So zählt tatsächlich nur das Können der Fahrer: Die Achtzylinder sind extrem schwierig zu beherrschen und es gibt natürlich kein ABS, kein ASR, kein ESP zur Unterstützung.

Der Sound ist brutal und unvergesslich – trau dich!
Lass dich zwei Runden mit gut über 200 Sachen um das Oval chauffieren... Du wirst völlig high aus dem Auto steigen – und mehr davon wollen!

Eine rasend-spektakuläre Fahrt im Nascar-Taxi kannst du zum Beispiel auf dem anspruchsvollen Kurs des Red Bull Rings im Murtal, Österreich, buchen: www.projektspielberg.com

1: Zahnriemen

Jeder Verbrennungsmotor (ob Diesel oder Benziner) muss die Nockenwelle und die Kurbelwelle synchronisieren, damit die Ventile im richtigen Moment öffnen und schließen. Diese Synchronisation erfolgt entweder mittels einer Steuerkette oder eines Zahnriemens.

2: Nockenwelle

Sie steuert die Ventile des Motors. Auf der Form eines Stabes („Welle") sind „Nocken" angebracht, also Scheiben, die mit ihrer unrunden/exzentrischen Form die Ventile in bestimmter Reihenfolge und Dauer öffnen (geschlossen werden sie durch eine Ventilfeder).

3: Zündkerze / Ventile

Ein Hochspannungsfunken an der Zündkerze zündet das verdichtete Kraftstoff-Luft-Gemisch im Ottomotor (Benziner) und bewegt durch diese Explosion das Ventil nach außen.

Beim Dieselmotor entzündet sich der Brennstoff von selbst, wenn er durch eine Düse fein verteilt in hochverdichtete, heiße Luft eingespritzt wird („Selbstzündung").

4: Zylinder/ Kolben / Pleuelstange

Der Zylinder des Verbrennungsmotors ist eine röhrenförmige Kammer, die auf der einen Seite in das Kurbelwellengehäuse mündet und auf der anderen Seite durch Ventile verschließbar ist. Der „Hub", also die lineare Bewegung des Kolbens im Zylinder, wird mittels der Pleuelstange in die rotierende Bewegung der Kurbelwelle übertragen.

5: Kurbelwelle

Diese Stange („Welle") wandelt die durch Verbrennung in den Ventilen entstandene Kraft in eine Rotationsbewegung („Drehmoment") um und leitet diese über die Kupplung an das Getriebe weiter.

VERHANDELE BEIM AUTOKAUF WIE AUF DEM BASAR

Wenn du dich auf die Suche nach einem neuen Fahrzeug machst, dann teste doch erst einmal dein Verhandlungsgeschick an verschiedenen Händlern. Du wirst sehen: Es macht sehr viel Spaß, „wie auf dem Basar" zu handeln. Es ist ein Spiel, zu pokern, zu diskutieren und mit deinem Gegenüber in blumenreichen Worten über die Vorzüge bzw. Schwachstellen des Autos zu lamentieren...

Und wenn du mit dieser Übung dann auf dein Traumauto stößt, wirst du sicher den besten Preis heraushandeln können!

36

PROBIER MAL CARSHARING AUS

In einer Modell-rechnung mit 5.000 Jahreskilometern kam die Stiftung Warentest 2012 auf Kosten von 138 Euro pro Monat – ein eigenes Auto dage-gen summiert sich auf 206 Euro pro Monat.

Einige CarSharing-Anbieter bieten Onlinerechner, um die Kosten deines konkreten Fahrtwunsches zu ermitteln und gleichzeitig denen eines eigenen Pkw gegenüberzustellen.

Wenn du nicht unbedingt Autobesitzer sein willst, sondern nur für deine unterschiedlichen Transport-bedürfnisse das jeweils bestgeeignete Fahrzeug suchst, kannst du bei Carsharing-Anbietern spon-tan und sehr komfortabel zwischen Kleinwagen bis (obere) Mittelklassewagen, Kombis, (Umzugs-) Transporter, Kleinbussen und gelegentlich auch Cabrios und anderen spaßigen Fahrzeuge wählen.

Unter Carsharing versteht man die gemeinschaft-liche Nutzung von Autos. Die Verleih-Organisatio-nen erlauben kurzzeitiges, ja minutenweises An-mieten von Fahrzeugen, die entweder auf festen Parkplätzen zur Verfügung stehen (häufig an Ver-kehrsknotenpunkten des öffentlichen Verkehrs) oder frei im öffentlichen Parkraum parken (soge-nanntes „free floating").

Zur Reservierung stehen verschiedene Methoden zur Verfügung: Von den einfachen mit Schlüssel-kästen und manueller Buchung, bis hin zu hoch-komplexen computergestützten Systemen mit GPS-Ortung über Apps. Heute ist allerdings die auto-matische Buchung über das Internet oder den Telefoncomputer am verbreitesten.

Die Kosten errechnen sich aus den gefahrenen Kilo-metern und der Leihdauer. Treibstoff, Verbrauchs-mittel, Reinigung, (Vollkasko-) Versicherung etc. sind in der Regel inkludiert. Oft kannst du günstigere (Tages- bzw. Wochen-)Pauschalen bekommen.

37 FAHR MAL OHNE NAVIGATIONS-GERÄT IN DEN URLAUB

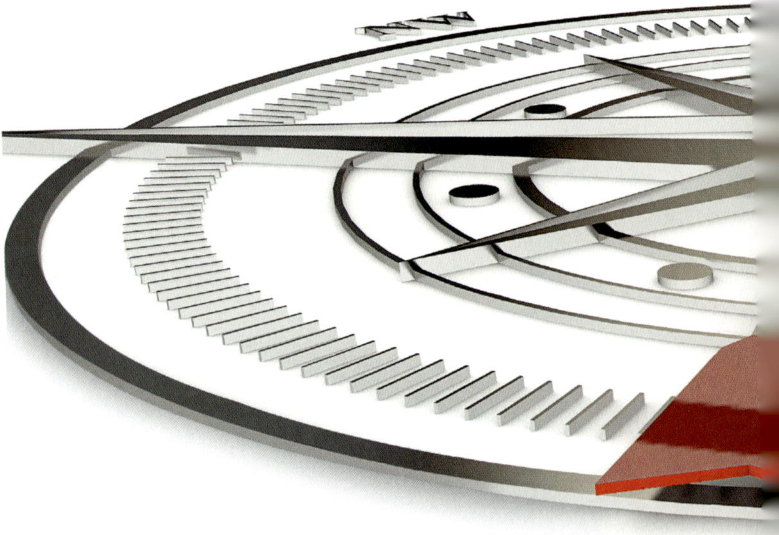

Der Klassiker-Merkspruch der Kompassrose lautet (im Uhrzeigersinn von oben an-gefangen): „Nie (Norden) Ohne (Osten) Seife (Süden) Waschen" (Westen)

Nicht alle waren Pfadfinder, aber wofür haben wir in der Schule den Kompass und die Himmelsrichtungen gelernt? Um unser Wissen anzuwenden:

Lass dein tolles Navigationsgerät bei deiner nächsten Reise in der Schublade und präge dir vor der Abfahrt nur die Himmelsrichtung ein, in der dein Ziel liegt (bzw. deine bevorzugte Richtung, wenn du kein definiertes Ziel hast). Und nun mache dir gewahr, wie weit östlich die Sonne noch steht,

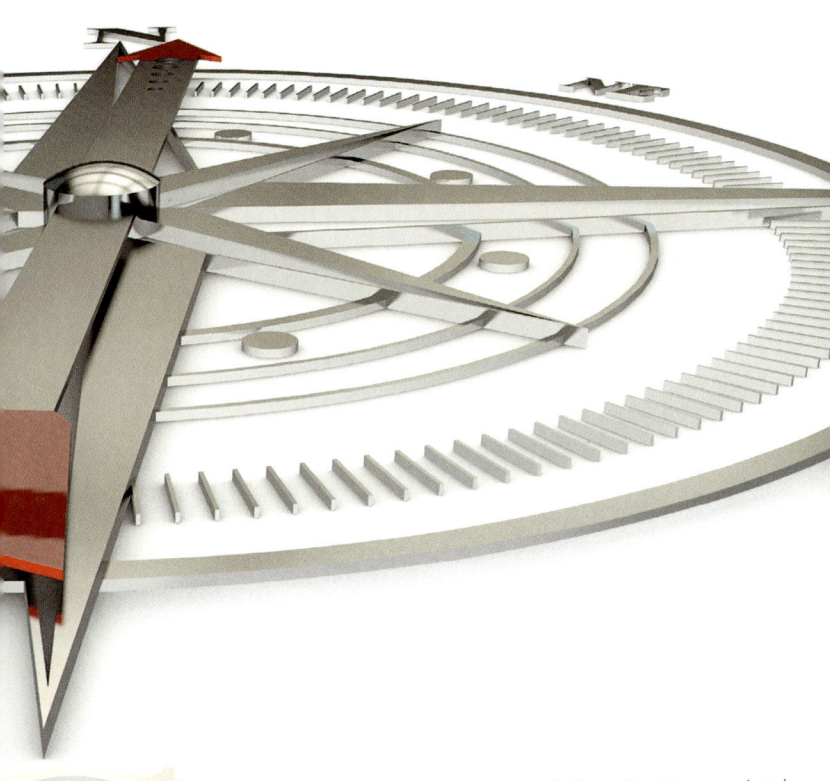

Swenn du losfährst, dass du sie zur Mittagszeit im Süden sehen wirst und du am Abend den Sonnenuntergang im Westen bestaunen kannst. Mit diesen Informationen bist du bestens gewappnet, um deinen Weg zu finden… Fahr los und probiere es aus! Spätestens nach zwei Tagen wirst du den Lauf der Sonne verinnerlicht haben und dich über deinen inneren Kompass ganz sicher und stolz über die kleinsten Landstraßen zum Ziel bewegen können, ohne das Navi zu vermissen.

*Und dazu merkst du dir diesen Spruch: „Im **O**sten geht die Sonne auf, im **S**üden nimmt sie ihren Lauf, im **W**esten wird sie untergehn, im **N**orden ist sie nie zu sehn."*

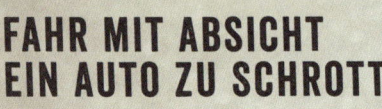

FAHR MIT ABSICHT
EIN AUTO ZU SCHROTT

O.k.: Das ist absolut nicht „political correct" – aber es macht leider sehr viel Spaß… Außerdem lernst du dabei auf sehr eindrückliche Weise, wie erschreckend leicht sich ein Auto (auch schon mit geringer Geschwindigkeit!) verformt. Es ist höchst erstaunlich, wie wenig Widerstand das Stahlblech bietet, und dieses „Experiment" wird dir deutlich vor Augen führen, welch unglaubliche Kräfte bei hoher Geschwindigkeit auf die Karosserie bzw. den Fahrer wirken.

Schaffe mit Freunden zwei Autos an einen geeigneten, aber unbedingt legalen Ort (beispielsweise eine Kiesgrube, mit deren Besitzer du vorher dein Vorhaben abgesprochen hast). Die Autos sollten fahrbereit sein und auf jeden Fall TÜV, aber sonst nur noch Schrottwert haben.

Anschnallen und drauflos donnern: Stockcar light! Wenn ihr vorsichtig seid und keinesfalls (!) zu schnell fahrt, kann nichts als Blechschaden entstehen – und genau das wollt ihr ja erreichen: zwei völlig demolierte Kisten.

Das problematischste an der ganzen Aktion ist der Abtransport, denn in diesem Zustand dürfen die Autos natürlich (trotz TÜV) nicht mehr auf die Straße… Aber ihr findet schon eine Lösung, die den Spaß wert ist!

FORDERE AN DER AMPEL ZUM BLITZSTART HERAUS

Eine rote Ampel auf völlig unbefahrener Straße?
Und nur du und ein Nachbarauto?
Lass deinen Motor (auch wenn es nur ein kleiner ist) ganz provokant aufheulen, grinse deinen Nachbarn frech an und fordere ihn so zum Blitzstart-Contest an der Ampel heraus! (Dein Nachbar muss deine Zeichen natürlich verstehen und auch drauf reagieren, sonst machst du dich ein wenig zum Affen...)

Ampel grün: Und Vollgas! Natürlich nur ein kleines Stück, denn gewonnen hat der, der als Schnellster von der Ampellinie loskommt – und dabei am coolsten aussieht. Besonders lässig ist natürlich ein formvollendeter Burnout (den du auf Seite 47 nachlesen kannst).

TOP 10
ROAD-MOVIES

1 „INTO THE WILD", 2007
TOLL GEFILMTER ROADTRIP EINES JUNGEN AUSSTEIGERS NACH ALASKA

2 „THELMA & LOUISE", 1991
DRAMATISCHES ROADMOVIE ZWEIER FRAUEN - EIN KLASSIKER

> „Sieh's mal so:
> Alles, was wir zu verlieren hatten,
> ist schon weg."

3 „RAIN MAN", 1988
EMOTIONALER ROADTRIP UNGLEICHER BRÜDER – MIT DUSTIN HOFFMAN

The show that really hits the road.

JOHN BELUSHI DAN AYKROYD

The Blues Brothers

The most devastating team since
nitro and glycerine.

JAMES BROWN · CAB CALLOWAY · RAY CHARLES
CARRIE FISHER · ARETHA FRANKLIN · HENRY GIBSON
THE BLUES BROTHERS BAND
Written by DAN AYKROYD and JOHN LANDIS
Executive Producer BERNIE BRILLSTEIN
Produced by ROBERT K. WEISS · Directed by JOHN LANDIS
Distributed by Cinema International Corporation Original soundtrack available on WEA Records and Tapes
A UNIVERSAL PICTURE ©1980 UNIVERSAL CITY STUDIOS INC. ALL RIGHTS RESERVED

4 „WIR KÖNNEN AUCH ANDERS", 1993
SEHR KOMISCHER ROADTRIP MIT HANOMAG-LKW – VON DETLEV BUCK

5 „BLUES BROTHERS", 1980
KULTFILM MIT FULMINANTER AUTOJAGD UND STARKEM SOUNDTRACK

> *„Es sind 106 Meilen bis Chicago, wir haben ein Auto, einen vollen Tank, eine halbvolle Schachtel Zigaretten, es ist dunkel und wir tragen Sonnenbrillen. Fahren wir."*

6 „DUELL", 1971
SEHR BEDROHLICHE VERFOLGUNGSJAGD – VON STEVEN SPIELBERG

7 THE STRAIGHT STORY", 1999
SKURRILER ROADTRIP MIT DEM RASENMÄHER – VON DAVID LYNCH

8 „KNOCKIN' ON HEAVEN'S DOOR, 1997
WITZIGER ROADTRIP ANS MEER – MIT TILL SCHWAIGER

9 „BULLIT", 1968
DIE MUTTER ALLER VERFOLGUNGSJAGDEN – MIT STEVE MC. QUEEN

10 „STAND BY ME", 1986
VIER JUNGS AUF DER SUCHE NACH EINER LEICHE – MIT RIVER PHOENIX

MACH MIT TRAKTOR UND BAUWAGEN URLAUB

Wenn du auf den Geschmack gekommen bist oder schon weisst, dass diese Art des Urlaubens genau das Richtige für dich ist: Es gibt tolle Schreinereien, die sich auf den Ausbau von Bau- bzw. Schäfer- oder Zirkuswagen spezialisiert haben: Beispielsweise baut dir das Team von **www.zirkuswagen bau.info** *den perfekten Traumwagen nach deinen Wünschen.*

Ein völlig ungewöhnlicher Urlaub, der dir als Auto- bzw. Fahrfan trotzdem oder gerade deswegen sehr viel Spaß bereiten wird: Leih dir einen Traktor und einen ausgebauten Bauwagen aus und tuckere total entspannt über die kleinsten Landstraßen durch die Lande. Du brauchst kein Ziel, an dem du ankommen musst, denn du bist ab dem ersten Moment deiner Abfahrt im Urlaubsmodus.

In einer „Geschwindigkeit" von etwa 20 km / h bist
du auf Reisen, fährst nur um des Fahrens willen
und kannst dabei alles ganz genau ansehen und
dir die Gegend erschnuppern.
Es ist ein wirklicher Genuss, dich in minimalem
Tempo zu bewegen, so die Welt zu entdecken und
dich auf kleinstem Raum in deinem Wagen einfach
nur geborgen zu fühlen.

BESITZE UND LIEBE MEHR ALS EIN AUTO

Ehrlich gesagt darf dieser Punkt in unserer Zeit eigentlich nicht mehr auftauchen... In Zeiten von Klimaerwärmung, Rohstoffverknappung und Umweltschutz sollte man eher darüber nachdenken, das Auto als individuelles Fahrzeug zu verabschieden und sich mit dem Gedanken an Carsharing, Elektrofahrzeuge oder den Umstieg auf den öffentlichen Nahverkehr vertraut machen.

Doch... im Grunde deines Herzens schlummert die Liebe zu ästhetisch geformtem Metall, zum unnachahmlichen Sound eines 4-, 8- oder gar 12-Zylinders und der unbedingten Option, jederzeit selbstbestimmt fortzufahren. Und du hast ein klein-spritziges Auto für die Stadt, einen alt-schönen Oldtimer für die Landstraße, ein wunderbar-gemütliches Wohnmobil für den Urlaub und eine durchschnittlich-praktische Kiste für den Familientransport? Und du willst/ kannst dich einfach von keinem trennen?

Dann liebe alle!
Bringe dein schlechtes Gewissen unter Kontrolle, indem du im „normalen" Leben dreifach umweltbewusst agierst – und hege und pflege und verwöhne deine Auto-Schätzchen mit all deiner Hingabe. Sie werden es dir mit einer langen Lebensdauer danken und somit zumindest dem Nachhaltigkeits-Gedanken gerecht...

43

FEIER DEINE PARTY AUF DER LADEFLÄCHE EINES PICK-UP

Ein abgelegener Ort, ein heißer Sommertag, ein Haufen Freunde und dazu Spitzenmusik: Die Ladefläche eines Pick-Up eignet sich hervorragend, um daraus eine coole Tanzfläche zu machen und in den Sonnenuntergang und den nächsten Morgen zu feiern!

44 VERANSTALTE EINE AUTO-SCHNITZELJAGD

Bilde einige Zweierteams und gib ihnen dann die verschiedensten Aufgaben, die schwierig, aber nicht unlösbar sind – denn alle Teams sollen ja früher oder später am Ziel, nämlich eurem Urlaubsort landen.

Aufgaben sind: GPS-Daten finden, Kreuzworträtsel mit dem nächsten Ortsnamen erraten, nach Kompass orientieren, Rechenaufgaben lösen und so die genauen Kilometer bis zur nächsten Anzweigung wissen, einen bestimmten Kioskbesitzer nach dem nächsten Tipp fragen, ...

45 STEUERE MAL EINEN LEGENDÄREN US-TRUCK

Unter der Adenauer-Regierung wurde die Länge der Lkws auf 14 Meter beschränkt, was die deutschen Lkw-Hersteller zwang, auf die bis heute geläufigen „Frontlenker" umzustellen, also den Motor unter die Fahrerkabine zu zwängen und die so gewonnenen Meter in mehrere Kubikmeter Transportraum im Auflieger zu verwandeln. So wurden die Lkws unter großem Protest verändert und die klassischen „Langhauber" ausgerottet.

In den US Bundesstaaten gibt es zwar auch die unterschiedlichsten Längen- und Gewichtsvorschriften, diese regeln aber nur die Auflieger samt Achslast und nicht die Zugmaschine. Deshalb gibt es sie noch, die coolen, legendären Trucks, deren Fahrer als die modernen, einsamen Reiter des legendären Wilden Westens gelten. Die amerikanischen Fernfahrer haben für ihre oft wochenlangen Touren in den Führerhäusern der 500 PS starken „Home on Wheels" Schlafkabinen, die so komfortabel wie kleine Wohnungen ausgestattet sind.

Erlebe auf dem Fahrersitz eines echten „Freight-liners" hinter dem riesigen Kühlergrill und vor dem fast unüberschaubaren Cockpit das Brüllen des mächtigen Dieselmotors und bekomme fahrend eine Ahnung von der schier unendlichen Kraft dieses Giganten.

*Auch ohne Lkw-Führerschein kannst du bei verschiedenen Anbietern den tonnenschweren US-Koloss selbst steuern. Zum Beispiel kannst du dir über **www.us-truck-fahren.de** einen Wunschtermin sichern.*

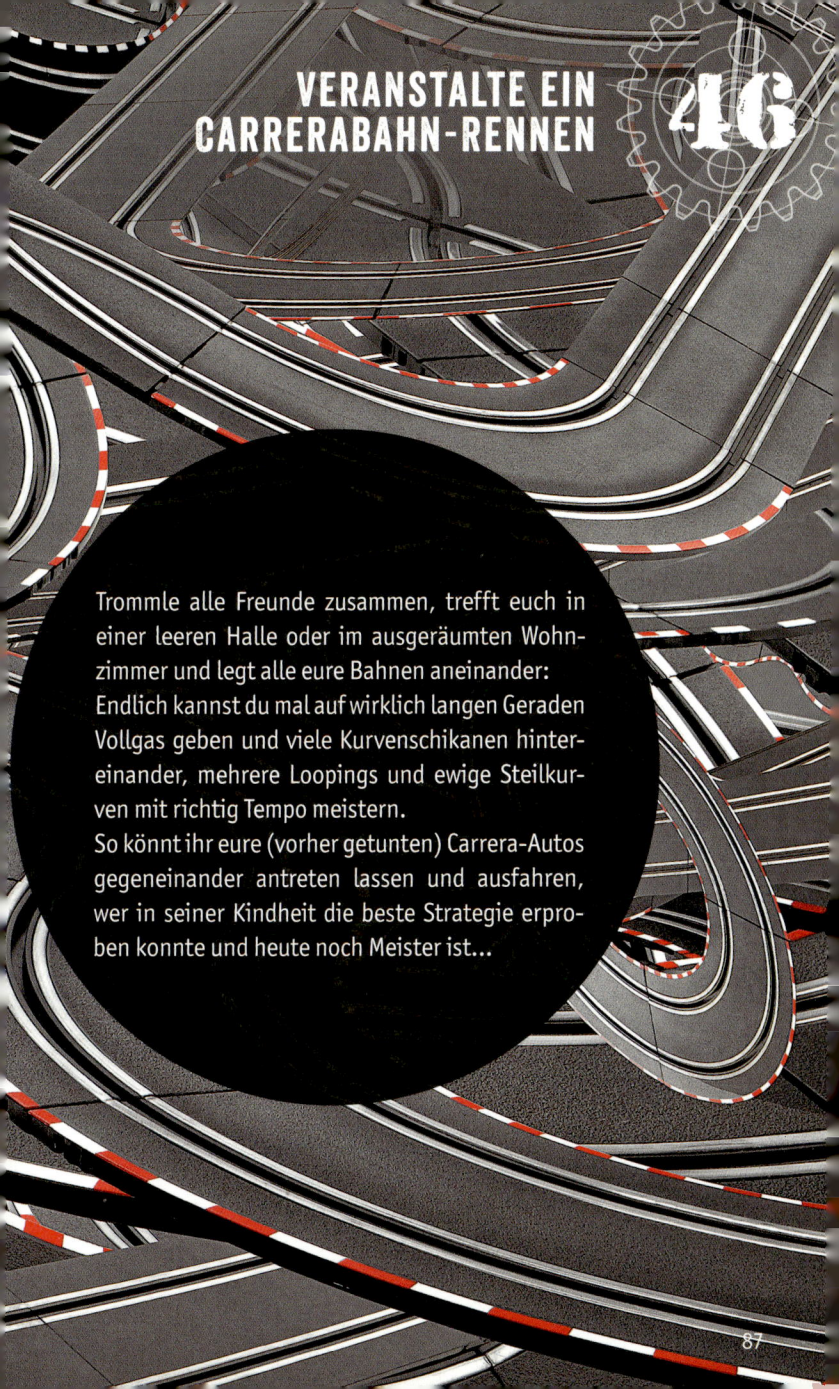

Trommle alle Freunde zusammen, trefft euch in einer leeren Halle oder im ausgeräumten Wohnzimmer und legt alle eure Bahnen aneinander: Endlich kannst du mal auf wirklich langen Geraden Vollgas geben und viele Kurvenschikanen hintereinander, mehrere Loopings und ewige Steilkurven mit richtig Tempo meistern.

So könnt ihr eure (vorher getunten) Carrera-Autos gegeneinander antreten lassen und ausfahren, wer in seiner Kindheit die beste Strategie erproben konnte und heute noch Meister ist...

47

FRÜHSTÜCKE
AUF DER MOTORHAUBE

Du bist echt müde und fix und fertig, weil du die ganze Nacht durchgefahren bist? Und endlich geht die Sonne auf?

Dann such dir einen entspannten Rastplatz, kauf dir alle Frühstücksleckereien, die du dir vorstellen kannst, breite sie auf deiner Motorhaube aus und setz dich daneben...

Der Motor wärmt dich, die Sonne auch – und das Frühstück schmeckt einfach nur himmlisch!

SIEH DIR ALLE FOLGEN VON TOP GEAR AN

48

Action, Adrenalin, Entertainment... Das Ganze kombiniert mit einer ordentlichen Portion Ironie und schwarzem, original englischem Humor. Das ist Top Gear: die spektakulärsten Autos der Welt, Testfahrten auf dem Vulkan und jede Menge coole Sprüche – mehr Leidenschaft fürs Auto geht nicht!

Das TV-Magazin befasst sich fast ausnahmslos mit außergewöhnlichen Fragen: Fährt ein Toyota Pickup noch, nachdem er mit einem Hochhaus in die Luft gesprengt wurde? Oder: Wer rast schneller durch ein Shopping Center, ein Ford Fiesta oder eine Corvette?

Regelmäßiger und sehr amüsanter Bestandteil der Sendung sind die „Challenges", bei denen die Moderatoren Aufgaben gestellt bekommen, die sie oft in Konkurrenz zueinander lösen müssen. Beispielsweise müssen sie Amphibienfahrzeuge selbst bauen, um mit diesen zu einem See zu fahren und ihn zu überqueren. Aber sie versuchen auch mit einem selbstgebauten Cabrio durch die Waschstraße zu fahren, veranstalten ein Rennen mit Wohnmobilen oder testen, ob ein Mini Cooper von der Skischanze weiter fliegt als ein Skispringer.

Die Folgen kannst du bei Streamingdiensten ansehen oder dir klassisch auf DVD besorgen – großartige Unterhaltung für dich als wahren Autofan.

Top Gear ist Automagazin und Show in einem, gilt als erfolgreichste Sendung der BBC, hat weltweit bis zu 350 Millionen Zuschauer und ist seit über 20 Jahren der Hit im englischen Fernsehen.
2005 gewann die Sendung den Internationalen Emmy für die beste Entertainmentshow.

49 SCHLAFE DRAUSSEN NEBEN DEM AUTO

Abseits der großen Straßen fahren, einen geborgenen Platz finden, stehen bleiben, Schlafsack ausrollen, Sonnenuntergang ansehen, unter Sternenhimmel einschlafen und beim ersten Vogelzwitschern aufwachen…
Was gibt es Schöneres?

50 ÜBE AUF EIS UND SCHNEE SICHER ZU FAHREN

Für längere Reisen im Winter rät der ADAC folgendes im Auto zu haben: Wolldecke, eine zusätzliche Matte als Anfahrtshilfe, kleine Schaufel, Antibeschlagtuch, Handschuhe und warme Getränke.

Obwohl der Winter für den eingefleischten Autofan wahrscheinlich nicht die Lieblingsjahreszeit ist (weil allein das morgendliche Scheibenkratzen plus der schlechteren Sicht den Fahrspaß ungemein verringert...), hat ein frostiger Wintertag auch seinen Vorteil:

Nimm dir ein paar Stunden Zeit, um das Fahren auf Eis und/oder Schnee zu üben. Dafür fährst du auf einen einsamen, gut vereisten Parkplatz, der möglichst keine Bordsteine hat, sondern nur aus weiter Fläche besteht. Übe hier das Anfahren, Bremsen, rasche Ausweichen, Kurvenfahren – einfach genau wie in der Fahrschule.

Bei glatten Fahrbahnen gelten folgende Tricks:

1: **Untertouriges Fahren und das Anfahren im zweiten Gang** erleichtern dir das Fahren auf Glätte, da deine Reifen so deutlich besseren Grip haben.

2: **Fahre niemals schneller**, als du dich selbst sicher fühlst, bzw. du dein Auto für kontrollierbar hältst.

3: Wichtig ist, **ruckartige Lenkbewegungen zu vermeiden** und den Lenkvorgang zeitlich vom Gasgeben zu trennen.

4: **Sanftes Bremsen und ein sehr behutsamer Umgang mit dem Gaspedal** verhindern das Ausbrechen und Rutschen. Kommt dein Wagen unerwartet ins Schleudern: Auskuppeln und schnell, aber gefühlvoll gegenlenken. Sonst: Vollbremsung!

51 SIEH DIR DIE 24 STUNDEN VON LE MANS AN

Das 24-Stunden-Rennen von Le Mans ist ein Langstreckenrennen für Sportwagen, das seit 1923 auf dem etwa 13,5 km langen Circuit in der Nähe der französischen Stadt Le Mans veranstaltet wird.

Ursprünglich wollten die Automobilhersteller die Zuverlässigkeit und den Entwicklungsstand ihrer Fahrzeuge unter Beweis stellen, warum es in den ersten Jahren nur den Fahrern selbst erlaubt war, Reparaturen mit Bordwerkzeug durchzuführen. Heute werden die Wagen in den Boxen von Mechanikern repariert – bleibt der Wagen allerdings auf der Rennstrecke liegen, darf der Fahrer keine fremde Hilfe in Anspruch nehmen.

Gewinner ist natürlich, wer in den 24 Stunden die meisten Runden schafft: Ein extrem hartes Rennen!

Legendär war der einstige „Le-Mans-Start", bei dem die Fahrer über die Fahrbahn zu ihren vor der Boxengasse aufgestellten Fahrzeugen sprinten mussten und aus dem Stand starteten.

52

VERBRINGE DEN GANZEN TAG
AUF DER KART-BAHN

Aktiviere alle deine fahrbegeisterten Kumpels und fahrt es aus! Die Kartbahn kannst du exklusiv mieten, so dass ihr stundenlang mal wieder kindisch und begeistert in röhrenden Kleinstautos um Ruhm und Ehre fahren könnt!

MACH EINEN OFFROAD-KURS

Offroad kannst du auf gesperrten Geländen, wie zum Beispiel in alten Tagebauwerken fahren. Hier kannst du in deinem eigenen Fahrzeug frei herum fahren und deine eigenen Erfahrungen machen. Willst du aber „von der Pike" auf lernen, wie du dich im Gelände am besten bewegst, solltest du dich erst einmal mit einem perfekten Fahrzeug aus dem Fuhrpark einweisen lassen. Beispielsweise bietet dies das sympathische „Kraftfahrwerk"-Team in Tages- und Wochenendkursen an: www. kraftfahrwerk.de

Steile, matschige Abhänge, fiese Schlaglöcher und unvorhersehbar tiefe Querrillen mit ungewissem Untergrund: Begeistere dich an rumpelnden Fahrten über unwegsames Gelände oder durch tiefe Furten und hole das Maximale aus deinem 4x4-Fahrzeug heraus, indem du an die Grenzen des Machbaren gehst.
Die Anbieter, die dir ein Fahrzeug vermieten, weisen dich gut ein, so dass du dir die Strecken erobern kannst, die dich durch das Offroad-Gelände führen. Kämpfe dich durch oder lass dich mit vereinten Team-Kräften herausziehen – es ist ein riesiger Spaß, den du mit Jeep und Co. haben wirst...
Ein echtes Abenteuer wartet auf dich gleich um die Ecke, denn Offroad-Kurse werden fast überall angeboten!

Und wenn du dich fit genug für den Schlamm und die übelsten Strecken fühlst, kannst du dich in kleinen Gruppen auf wochenlange Touren durch die wildesten Offroad-Gegenden begeben...

54 VERREISE MIT DEM AUTOREISEZUG

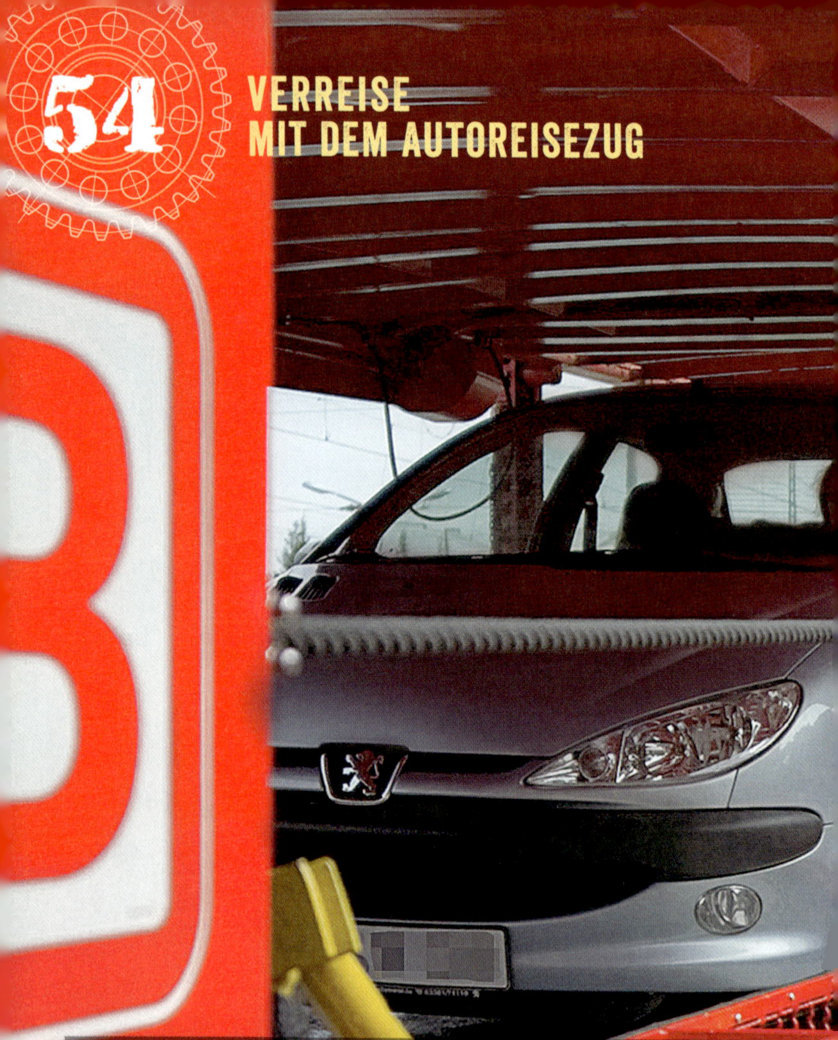

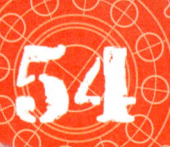

Autofahren ist super! Und noch toller ist es, Strecken zu fahren, die man noch nicht kennt, wohin man meist allerdings erst einmal eine lange, anstrengende Anfahrt schaffen muss…
Nimm doch den Autoreisezug! Es gibt nicht mehr viele Angebote, aber beispielsweise der Zug München – Hamburg lässt dich ganz herrlich die Nacht im Schlafwagen verbringen, während du am nächsten Morgen top ausgeruht ein paar Hundert Kilometer weiter südlich bzw. nördlich deine Entdeckungsfahrt starten kannst.

Es gibt so Tage, an denen einfach alles schiefgeht: Vom überhörten Wecker vor dem wichtigen Termin, über den verschütteten Kaffee auf die frisch gebügelte Hose, zum Jahrhundert-Stau auf dem Arbeitsweg... und am Abend, als wenn der Tag schon nicht mies genug gewesen wäre, rollt dir auf dem Parkplatz des Einkaufszentrums auch noch ein Auto auf die Stoßstange...

Aber bevor du dich jetzt grenzenlos aufregst, dann betrachte doch einfach diesen kleinen „Unfall" mit der letzten Gelassenheit, die du aufbringen kannst: Ist dieser kleine Kratzer wirklich ein Schaden? Ist es nicht vielmehr so, dass sich dieser Makel in eine Reihe mehrerer schon vorhandener Unperfektionen einreiht? Ja, er ist vielleicht nicht besonders verschönernd – aber macht es dein Auto hässlich oder weniger fahrtüchtig? Hat es dein „Gegner" mit Absicht gemacht – oder hatte er / sie vielleicht einen ebenso stressig-nervigen Tag?

Und beim nächsten Mal ist es vielleicht umgekehrt und du darfst dich freuen, bei einem Bagatellschaden einfach fahren gelassen zu werden!

Sei großzügig! Geh mit dem Verursacher zahm um: Du sparst dir Energie, Nerven und sehr viel Zeit, wenn du deinen neuen Kratzer am Auto entspannt als ohnehin unausweichliche „Patina" akzeptierst. **Lass dich, statt die Polizei kommen zu lassen, zur „Wiedergutmachung" viel lieber auf ein Bier einladen:** Das gibt dir ein deutlich schöneres Gefühl und ist ein perfekter Abschluss eines nicht vielleicht sonst nicht so runden Tages...

FAHRE SPONTAN NACHTS LOS BIS ZUM SONNENAUFGANG

Du hattest einen tollen Abend und bist einfach noch nicht müde? Und du hast gerade die aufregendste Frau, den entspanntesten Typen oder die coolsten Freunde bei dir? Setz dich ins Auto und fahre los! Fahre, bis es hell wird und genieße die Sonne, den Blick, das Leben.

57

UNTERNIMM MAL EINE ECHTE SAFARI

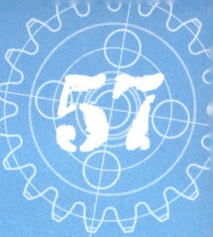

In deinem Urlaub mal so richtig ausführlich Auto fahren kannst du, wenn du eine echte Safari unternimmst.

Es gibt einige Anbieter, die dir sehr tolle Routen zusammenstellen, die du als Selbstfahrer (ganz auf eigene Faust oder auch im Konvoi mit Freunden) unternehmen kannst. Du fährst in deinem eigenen, gemieteten Jeep und übernachtest entweder in Lodges oder, als fortgeschrittener Reisender, auf Campingplätzen. Gerade Afrikas Landschaften und Tierwelt lassen sich im individuellen Tempo ganz hervorragend entdecken – und du erlebst wirklich ein wahres Autofan-Fahrabenteuer.

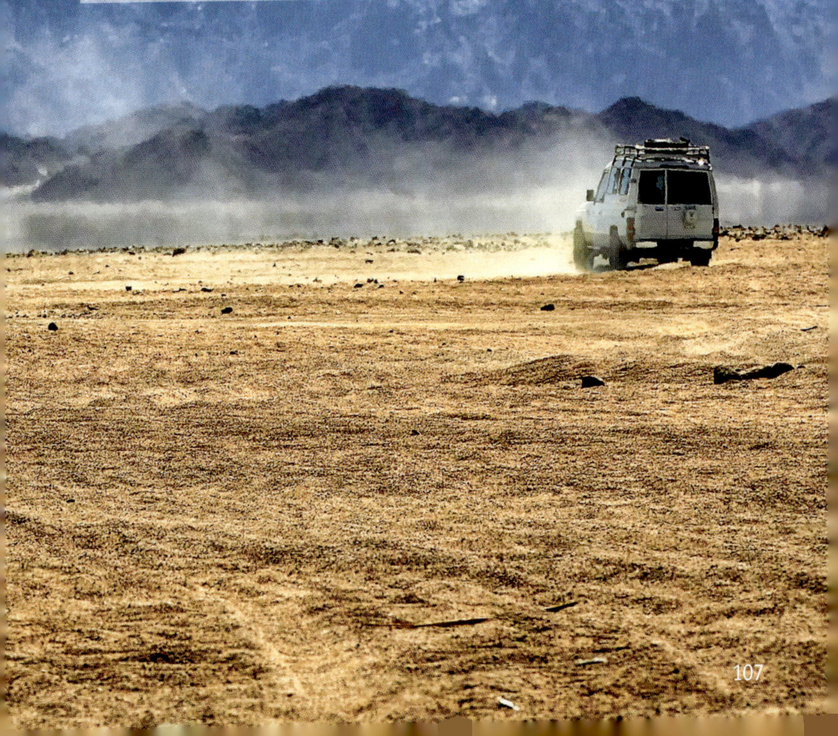

BEGEISTERE DICH IM PORSCHE-MUSEUM

Der maximale Jungen-Traum wurde wahr: Ein ganzes Haus nur mit den tollsten und spektakulärsten Stücken aus der Porsche-Schmiede. 2009 ist am Stammsitz der Porsche AG in Stuttgart-Zuffenhausen eines der wirklich herausragendsten Automobil-Museen eröffnet worden. Auf 5.600 Quadratmetern werden im Porsche-Museum mehr als 80 Fahrzeuge inszeniert, die dir die Tränen in die Augen treiben werden: Ein Auto grandioser als das andere...

Das Museum besteht aus drei Teilen: Im (durch eine Glaswand einsehbaren) Archiv wird das gesamte historische und zeitgenössische Wissen um die Marke Porsche gebündelt und Wissenschaftlern bzw. Journalisten zur Verfügung gestellt.
Die großräumige Ausstellung der chronologisch geordneten Produkt- und Motorsportgeschichte und dazu die Präsentation der Porsche-Firmengeschichte sind zusammen natürlich das zentrale Herzstück des Hauses, das durch jährliche Sonderausstellungen zu speziellen Themen oder besonderen Jubiläen ergänzt wird.
Und für den wahren Autofan haben sich die Museums-Architekten etwas ganz Besonderes einfallen lassen: Durch eine Glasscheibe kannst du dem Werkstatt-Team bei der Arbeit an den Klassikern zusehen. Ein Meister, drei Mechaniker und ein Sattler bereiten alle historischen Fahrzeuge des Museums auf ihre weltweiten Einsätze vor, restaurieren, warten und reparieren sie.

Ein anderes, weniger spektakuläres, dafür aber sehr sympathisches Porsche-Museum findest du in Gmünd in Kärnten, Österreich. Hier wurden 1944 – 50 die ersten Fahrzeuge mit dem Namen Porsche gebaut. 1982 hat der porschebesessene Helmut Pfeifhofer das erste private Porsche-Automuseum Europas eröffnet, das inzwischen etwa 50 tadellos restaurierte und s eltene Autos präsentiert. Der Weg dorthin lohnt sich ganz sicher.

59 BESUCHE DAS OLDTIMER-MEETING IN BADEN-BADEN

Etwa 400 Oldtimer von mehr als 50 verschiedenen Marken präsentieren sich jedes Jahr am zweiten Juli-Wochenende in Baden-Baden bei dem sogenannten „Concours d'Élégance", also einem Treffen von Besitzern höchstwertiger historischer Automobile. Dieses Oldtimer-Meeting ist ein Wettbewerb in dem Zustand, Originalität, Schönheit und Historie zählen und 120 Pokale an die schönsten und interessantesten Klassiker verliehen werden.

Die Veranstaltung in Baden-Baden gilt als ein Höhepunkt der Klassikerszene und stellt in jedem Jahr eine andere Automarke als Ehrengastmarke in den Mittelpunkt. Zu sehen sind außerdem Oldtimer aller Marken und Typen bis Baujahr 1970: Vom kleinen „Schnauferl" bis hin zur großen Prachtlimousine wird den etwa 20.000 Besuchern die gesamte Bandbreite der Automobilgeschichte präsentiert.

Seit 1976 ist die Stadt Baden-Baden Treffpunkt von Oldtimer-Freunden und Automobil-begeisterten aus ganz Europa. Laut Fachleuten aus der Klassikerszene ist das Oldtimer-Meeting in Baden-Baden „Deutschlands schönstes Oldtimer-Treffen, ein wahres Freilichtmuseum der Automobilgeschichte in wunderschöner grüner Kulisse".

Abseits der Autobahn ist die Fahrt in den Urlaub doppelt so schön, denn wenn du dich nur auf Landstraßen in Richtung deines Ziels bewegst, bemerkst du ganz schnell:

Der Weg ist das Ziel.

Betrachte doch mal die Autobahn von unten, statt auf ihr durch die (oft traumhaft schöne) Gegend zu rasen – mit unter 100 km/h siehst du auch kleine Details, machst Pausen in den nettesten Örtchen am Weg statt auf gesichtslosen Raststätten und du kannst langsam fahrend in dein Urlaubsgefühl kommen, statt im Stau zu stehen.

61 FAHRE TRABI UND ENTDECKE DABEI BERLIN

In der DDR wurde der Trabant meist „Trabi" genannt und bekam im Laufe der Zeit einige Spitznamen: „Gehhilfe", „überdachte Zündkerze", „Rennpappe" oder einfach nur „Pappe".

Das erste Modell, der Trabant P50, wurde ab 1957 produziert und leistete mit seinem Zweitakt-Motor anfangs 18 PS. Nach zwei technischen Modifikationen wurde eine Leistungssteigerung auf 26 PS erreicht, allerdings änderte sich die Karosserie so minimal, dass der Trabant dem Zeitgeschmack irgendwann nicht mehr entsprach. Mangels Alternativen war die Nachfrage trotz seiner Mängel und unmodernen Technik riesengroß und die Wartelisten stets lang. Und auch wenn der Trabant nicht das einzige Auto in der DDR war (es gab auch den „Wartburg" und sehr seltene Importe), wurde dieses Gefährt extrem gefühlsbeladen geliebt.

Um mal einen originalen Trabant mit seiner typischen „Krückstockschaltung", dem unnachahmlichen Sound des Zweitakters und natürlich dem passenden Abgas-Geruch mit allen Sinnen zu „erfahren", solltest du ihn am besten live testen: Genieße das Trabi-Fahrgefühl in einer Art Zeitreise bei einer Tour durch Berlin oder Dresden!
Während du in deinem eigenen Trabant sitzt und im Konvoi durch die schönsten oder aufregendsten Ecken der Stadt kurvst, erzählt dir dein persönlicher Stadtführer die Geschichte der Stadt per Funk direkt in dein Auto – so erfährst du Geschichte hautnah.

Eine Fahrt im originalen Trabi kannst du bei einigen Anbietern buchen.
Aber eine Fahrt zusammen mit einer tollen Stadtführung (verschiedene Routen wählbar) bekommst du bei dem Team der Trabi-Safari:
www.trabi-safari.de

FAHRE UNBEDINGT MAL MIT EINER ENTE

Es gibt mehrere Anbieter von Enten, bei denen du sie tage- oder wochenweise mieten kannst. Über den sehr netten Anbieter Vintage Road Trips kannst du dir für deinen Ententrip in Frankreich oder in den Niederlanden sogar komplette Routen samt Übernachtungsgelegenheiten und Picknickkorb zusammenstellen lassen:
www.vintageroad trips.de

„Ô joie" – Ach, wie schön…:
Hinter dem etwas überdimensionierten Lenkrad sitzt du – etwas zu weit eingesunken in die viel zu weichen Campingstühle (Pardon: Autositze) – das Stoffdach hast du für einen weiten Blick auf den Himmel natürlich ganz aufgerollt und du genießt die frische Brise durch die hochgeklappten Fenster. Der 2CV Zweizylinder-Boxermotor tuckert im klassischen Entensound gemütlich vor sich hin, ratternd lässt du dich über die Straße schunkeln und erfreust dich an der spektakulären Kurvenlage…
Keine Klimaanlage, kaum Beinfreiheit, ein wirklich lauter Innenraum, meist kein Radio und nur ein einziger Seitenspiegel!
Aber die Ente, die nicht nur in Frankreich längst Kultstatus genießt, vermittelt dir das Fahren in seiner reinsten Form: Du spürst noch jede Bodenwelle im Lenkrad, in den Kurven neigt sie sich ordentlich zur Seite und eigentlich kannst du dir nur bergab sicher sein, nicht von Radfahrern überholt zu werden. Purer Fahrspaß!

FAHR IRGENDWOHIN, NUR UM LAUT ZU SINGEN

Der ultimative Tipp gegen schlechte Laune ist: Singen!

Wenn dir zu viele Sorgen, nervende Menschen oder unangenehme Gedanken den Tag verderben, dann nimm dir spontan etwas Zeit nur für dich: Steig in dein Fahrzeug, fahre auf möglichst leeren Straßen in deine Lieblings-Richtung und lege deine liebste Musik auf (wenn du nicht eigene Lieder auswendig kannst): Nirgends kannst du so unbeschwert laut singen wie in deinem eigenen Raum...

Sing laut und schief und klar und wispernd und grölend und spüre, wie die gute Laune wieder die Macht über dich gewinnt.

Und wenn du dann irgendwo unterwegs aussteigst (es muss gar nicht weit weg von zu Hause sein!), dir an der Tankstelle einen Kaffee gönnst oder sogar vielleicht im nahen Ausland gelandet bist, um dir die dortige Spezialität zu gönnen – dann bist du plötzlich „auf Reisen", du fühlst dich für diesen Moment fern des Alltags und der Sorgen. Genieße diesen Augenblick der Freiheit.

So entspannt kannst du dann wieder laut singend und fröhlich zurückfahren und dem restlichen Tag (bzw. den dazugehörigen Menschen) deutlich besser gelaunt begegnen.

Die moderne Forschung hat die gemütsaufhellende Wirkung des Singens in mehreren Untersuchungen nachgewiesen: Schon nach nur 30 Minuten Singen produziert unser Gehirn erhöhte Anteile von Beta-Endorphinen, Serotonin und Noradrenalin. Stresshormone wie zum Beispiel Cortisol werden abgebaut.

64

LERNE DIE BMW WELT
IN MÜNCHEN KENNEN

2012 wurde die BMW Ausstellung um alle Marken der BMW Group erweitert: Neben BMW M und BMW i sind hier BMW 6er und die Luxuslimousine BMW 7er, genauso wie die 5er Baureihe und natürlich auch die Mittel- und Kompaktklasse mit dem BMW 3er und der 1er Reihe zu bewundern. Außerdem findest du natürlich auch Fahrzeuge der Marken Rolls Royce und MINI.

Die BMW Welt ist eine kombinierte Ausstellungs-, Auslieferungs-, Erlebnis-, Museums- und Eventstätte und ganz sicher einen Besuch wert.

In direkter Nähe zu dem berühmten BMW-Vierzylinder wurde dieses futuristische Gebäude im Oktober 2007 eröffnet und bietet dir einen ganzen Tag voller Attraktionen:

Das „Kerngeschäft" der BMW Welt ist natürlich der Service rund um die Abholung der Neuwagen, die sich auf der Präsentationsfläche allen Besuchern zeigen und gegenseitig die Schau stehlen, während sie auf die neuen Besitzer warten.

Mit „BMW on Demand" kannst du deinen Traum-BMW (aktueller Typ oder als Klassiker) stundenweise ausleihen und probefahren.

Oder du nimmst an einer der Führungen durch die BMW Welt oder das BMW Museum teil – oder du lässt dir die Produktionsstätten zeigen (diese Tour musst du allerdings länger im Voraus buchen).

Im BMW Shop kannst du dich und dein Fahrzeug mit einer großen Auswahl an schönen Produkten der Marken BMW und MINI stylen.

Neben der aktuellen Fahrzeug-Ausstellung der BMW Welt lohnt sich unbedingt der Sprung zum angrenzenden BMW Museum. Hier werden dir sehr eindrucksvoll und mit modernster Technik auf 4.000 m² über 120 der wertvollsten und attraktivsten Automobile, Motorräder und Motoren aus neun Jahrzehnten BMW-Historie präsentiert: einfach nur zum Staunen!

1 Etwa 4000 v. Chr. (also noch in einer als „**Stein-zeit**" bzw. „Neolithikum" bezeichneten Ära der Menschheitsgeschichte) wurde unabhängig von-einander in mehreren Kulturen gleichzeitig das Rad erfunden.

2 Die erste Utopie eines sich selbstständig (auto-nom) fortbewegenden Mobils hatte ein Mönch und Gelehrter des **Mittelalters.** Roger Bacon (* 1214) formulierte damals: „Eines Tages wird man Karren zu bauen vermögen, die sich bewegen und in Be-wegung bleiben, ohne geschoben oder von irgend-einem Tier gezogen zu werden."

3 Als direkten Vorläufer des Verbrennungsmotors konstruierte **1674** der niederländische Physiker Christiaan Huygens (1629–1695) eine Kolbenma-schine mit Pulverantrieb, bei der Schießpulver als Brennstoff eingesetzt wurde.

4 Mit dem Benz Patent-Motorwagen Nummer 1 des deutschen Erfinders Carl Benz gilt das Jahr **1886** als das Geburtsjahr des modernen Automobils mit Verbrennungsmotor.

5 In den Vereinigten Staaten waren noch im Jahr **1900** 40 % der Automobile mit Dampf betrieben, 38 % fuhren elektrisch und nur 22 % mit Benzin.
Schon ein halbes Jahrhundert später fuhren welt-weit praktisch alle Autos mit einem Verbrennungs-kraftstoff.

6 Im **August 1888** unternahm Bertha Benz die erste Überlandfahrt von Mannheim nach Pforzheim und zurück (also mehr als 100 km) mit dem Benz Patent-Motorwagen Nummer 3. Die Stadtapotheke von Wiesloch wurde dabei zur ersten Tankstelle der Welt, weil sie hier (statt Leichtbenzin) „Ligroin" nachtanken konnte, das damals als Reinigungsmittel in Apotheken verkauft wurde.

7 **1901** erreichte der belgische Automobilrennfahrer und Konstrukteur Camille Jenatzy mit seinem selbst konstruierten Elektroauto „La Jamais Contente" als Erster eine sagenhafte Geschwindigkeit von über 100 km/h.

8 Schon um **1910** etablierte sich im deutschen Sprachgebrauch der Begriff „Führerschein" für die Erlaubnis, ein Fahrzeug zu fahren. Bestellte Gutachter mussten zudem die Fahrtauglichkeit eines Kraftwagens feststellen, bevor dieser betrieben werden durfte.

9 Als das erste am Fließband hergestellte Auto wurde der Ford T **ab 1913** jahrzehntelang zum meistgebauten Pkw (Marktanteil in den USA von zeitweilig über 50%).

10 Die Utopie wird zur Realität: **2011** wurde Google (nach mehreren Jahren der Entwicklung) ein US-Patent für die Technik zum Betrieb von „autonomen" (also selbstfahrenden) Fahrzeugen gewährt.

66 SIEH DIR DIE DETROIT AUTO SHOW AN

1907 wurde die „Detroit Automobile Show" erstmals mit 17 Ausstellern durchgeführt und findet (nur mit einer Unterbrechung durch den Zweiten Weltkrieg und den Koreakrieg) seitdem jährlich in der zweiten und dritten Januar-Woche statt. Hier wird auch die begehrte Auszeichnung „North American Car of the Year" vergeben.

1909 begann in Detroit die Massenproduktion von Automobilen mit dem Ford Modell T und bis heute ist die Stadt als „Motor City" bekannt. Durch eine (eher zufällige) Ansiedlung amerikanischer Autopioniere stieg die Stadt in der ersten Hälfte des 20. Jahrhunderts rasch zum führenden Standort der US-Automobilindustrie auf, verlor ihren Status allerdings schon sehr bald wieder infolge der wirtschaftlichen Krise in der Autoindustrie, als die Modelle der amerikanischen „Big Three" (General Motors, Ford und Chrysler) weniger gefragt waren. Die Stadt selbst erlebt seitdem einen fortwährenden Niedergang mit einer enormen Konzentration von Arbeitslosigkeit, Armut und Kriminalität (sie gilt als die gefährlichste Stadt der USA) – wird aber so langsam wieder von neuen Pionieren aufgebaut.

Trotzdem findet in dieser Stadt nach wie vor die weltberühmte „North American International Auto Show" (NAIAS), auch „Detroit Auto Show" genannt, statt. Als die größte Automobilausstellung in den USA und eine der fünf wichtigsten Automobilmessen der Welt lockt sie über 800.000 Besucher an den zwei Presse-, zwei Fachbesucher- und neun Publikumstagen an. Etwa 70 Aussteller (neben den in Detroit heimischen Automobilgiganten sind dies alle weltweit tätigen Automobilhersteller und Zulieferer) präsentieren sich mit aufwändigen Ständen auf ca. 55.000 m² Ausstellungsfläche.

Kalt? Ja!
Eiskalt? Jaaaa...
Aber wahnsinnig toll! Die Heizung ist voll aufgedreht, du bist ganz
dick eingemummelt (auch Decken sind dabei) und die beste Musik
spielt laut: Perfekt, um langsam durch eine verschneite Winterland-
schaft zu cruisen und die wunderbar klare Winterluft zu spüren...
Einfach und schön!

Die Zukunft fährt elektrisch!

Leise, sauber, nachhaltig und cool – so loben die Hersteller und Testfahrer die derzeitigen Mobile in den Himmel: Nichts stinkt, schmutzt oder lärmt im Elektroauto – kein Benzin oder Diesel riecht, kein Altöl suppt, kein Keilriemen quietscht, kein Auspuff röhrt...

Die Vorteile des Elektroautos sprechen tatsächlich eine deutliche Sprache:

Der Motor eines Elektroautos stößt beim Fahren weder CO_2 noch andere Schadstoffe aus, fährt damit also emissionsfrei, wenn der genutzte Strom aus regenerativen Energiequellen stammt – ein gutes Umweltgewissen ist dir damit sicher.

Ein Auto mit Elektroantrieb fährt nahezu lautlos – du schonst damit also die Stadtbewohner und die Menschen an stark befahrenen Straßen.

Die Anschaffungspreise der heutigen Elektroautos sind zwar noch sehr hoch (wobei der größte Kostenfaktor die Batterie ist), allerdings liegen die Betriebskosten deutlich unter denen für konventionelle Fahrzeuge, weil der Motor fast wartungsfrei läuft und es weder Starter noch Kupplungen oder Getriebe gibt. Zudem sind diese Autos von der Kfz-Steuer befreit – du hast also im Schnitt geringere Kosten für deine Fortbewegung.

Dank ihres hohen Wirkungsgrades von bis zu 100 % verbrauchen „Stromer" insgesamt erheblich weniger Energie als ein Verbrennungsmotor, dem mehr als ein Drittel der Energie durch Wärme verlorengeht.

Auch die großen Autovermieter bieten die neuesten Elektroautos wie beispielsweise den BMW i oder den Tesla Model S zum Leihen an: So kannst du dich in aller Ausführlichkeit von den Vorzügen (oder Nachteilen) der heutigen Generation von Elektrofahrzeugen überzeugen und dir dein eigenes Urteil über die zukünftige Methode deiner Fortbewegung bilden.

1 Keilriemen

Der Keilriemen nutzt die Kraft der Drehbewegung (das „Drehmoment") der Kurbelwelle und treibt zusätzliche Aggregate an, wie z.B. den Generator (Lichtmaschine), die Servolenkung etc.

2 Zylinderkopfdichtung

Die Zylinderkopfdichtung dichtet im Motor die verschiedenen Stoffe (Gase, Wasser und Öl) voneinander und nach außen ab.

3 Antiblockiersystem (ABS)

Das ABS verhindert durch wiederholtes, intelligentes Absenken und Anheben des Bremsdrucks („Druckmodulation"), dass die Räder bei einer Vollbremsung blockieren.

4 Radlager

Die Radlager sind ein Teil des Fahrwerks, führen die Räder und sind für ein stabiles Fahrverhalten verantwortlich.

5 Start-Stopp-Starter

Der Anlasser („Starter") unterstützt den Verbrennungsmotor beim Selbstlauf, lässt ihn „anspringen". Der Start-Stopp-Starter kann den CO_2-Ausstoß und den Kraftstoffverbrauch um bis zu 8 % reduzieren, indem bei Fahrzeugstillstand (z.B. an der Ampel) der Motor abgeschaltet wird.

6 **Katalysator**

Der Katalysator sorgt dafür, dass schädliche Abgasbestandteile von Verbrennungsmotoren in unschädliche Gase umgewandelt werden.

7 **Die Lichtmaschine**

Die Lichtmaschine „Generator" ist für die Versorgung des Bordnetzes zuständig, also die gesamten elektronischen Komponenten (z.B. Radio) und für die zuverlässige Ladung der Batterie.

8 **Antriebswelle**

Die Antriebswelle überträgt das Drehmoment des Motors vom Getriebe auf die Räder. Zudem muss sie alle Winkel- und Längenveränderungen ausgleichen, die von Aus- und Einfederungen und Lenkbewegungen ausgehen.

9 **Lambdasonde**

Die Lambdasonde ist ein Sensor zur Abgasregelung. Sie misst den Restsauerstoffgehalt des Abgases und sorgt so für eine optimale Gemisch-Zusammensetzung.

10 **Kardanwelle**

Die Kardanwelle („Längswelle") überträgt das von der Motor- oder Getriebeeinheit ausgehende Drehmoment zum Achsdifferential – also zu den Antriebsrädern (in der Regel die Hinterräder).

70
MEISTERE
EINEN TOLLEN BERGPASS

Wenn sich dir auf deiner Urlaubsstrecke alternativ zur Autobahn ein Bergpass anbietet und du ausreichend Zeit bzw. Nerven hast, dann: Gönne dir diese Strecke.

Es gibt wenige Straßen, die so relativ verkehrsarm sind und dich dazu mit großartigen Panoramen und spektakulären Fernsichten belohnen.

Allerdings solltest du diese anspruchsvolle Strecke nur **ausgeruht und früh am Tag antreten**, denn es ist oft schwer einzuschätzen, wie viel Zeit die wenigen Kilometer tatsächlich in Anspruch nehmen, wenn du ausreichend Pausen für dich und deinen Wagen machen möchtest.

Denk außerdem vor dem „Einstieg" in den Pass an **genügend Benzin** im Tank, denn du brauchst mehr Treibstoff als sonst und in der Regel gibt es auf dem Pass keine Tankstelle.

Nimm dir genügend Zeit, so dass du langsam und ruhig fahren kannst, lass die Schnelleren möglichst oft vorbei, indem du entweder an einer sehr übersichtlichen Strecke weit rechts fährst und sie vorbeiwinkst oder (wenn sich tatsächlich schon eine Schlange gebildet haben sollte) einfach ganz anhältst und wartest, bis alle überholt haben.

Abwärts solltest du möglichst **ständig die Motorbremse benutzen** (im 1. oder 2. Gang fahren), denn wegen einer überlasteten und damit ausgefallenen Bremse mit der Handbremse bremsen zu müssen, ist wirklich keine Erfahrung, die du machen musst!

71

LASS DIE SAU RAUS
BEIM STOCK CAR RACE

*Es gibt einige priva-
te Anbieter, die dich
mit speziellen Stock
Cars auf die Piste
lassen!
Und zusehen kannst
du auf den Rennen
der vielen Vereine.*

Du erkennst in einer trüben Staubwolke völlig
verbeulte, schrottreife Autos auf dreckiger Piste,
riechst intensiven Benzinduft und hörst ohren-
betäubend lautes Knirschen und Krachen?
Dann wirf dich in einen Renn-Overall, setz den
Helm auf und fahr mit!

Prinzipiell ist beim Stock-Car-Fahren alles erlaubt: Im Schlamm oder Staub versuchst du, schnellstmöglich den ovalen Parcours zu meistern und dabei deine Gegner mit Schieben, Rammen, Drängeln aus dem Weg zu räumen – halte mit Vollgas einfach drauf! Die Stock Cars halten alles aus und es macht einfach super viel Spaß, endlich mal richtig die Sau rauszulassen!

72

SPAR DIR DIE RASEREI

Der Verkehrspsychologe Jörg-Michael Sohn berät Menschen, die den Führerschein verloren haben und erklärt, dass zu schnelles Fahren immer umsonst ist und es statt der erhofften Zeitersparnis nur Stress und Mehrkosten verursacht. Er sagt, man gelange mit 100 Stundenkilometern ebenso schnell ans Ziel wie mit 150. Das kannst du dir einfach nicht vorstellen? Dann rechne einfach mal seine kleine Quizfrage nach:

Bei einer 10 km/h schnelleren Durchschnittsgeschwindigkeit verbrauchst du 20 – 30 % mehr Sprit. Du hast also auf längeren Strecken mehr Tankstopps, bei denen du die vorher vermeintlich eingesparte Zeit wieder verlierst.

Auf einer 5 Kilometer langen Baustelle fährst du genervt von der Geschwindigkeitsbegrenzung auf 80 lieber etwa 100 km/h – also in deinen Augen nur ein wenig zu schnell, aber flott genug. Wie viel Zeit sparst du dir?
Abgesehen davon, dass dich diese Ungeduld laut Bußgeldkatalog (21 – 25 km/h außerorts zu schnell) 70 Euro und einen Punkt kostet, sparst du dir etwa 45 Sekunden – erstaunlich, nicht?

Bei einer Geschwindigkeit von 120 km/h fährst du einen Kilometer in 30 Sekunden. Überholst du einen Lkw, hast du in 50 Kilometern einen Vorsprung von nur 2 Minuten.

Amüsant ist auch seine Rechnung, die er seinen Klienten vorrechnet: Um die Fahrerlaubnis zurückzubekommen, ist ein Zeitaufwand von etwa 100 Stunden nötig. Um diese Zeit wieder hereinzuholen, müsste man 42.000 Kilometer lang 20 km/h zu schnell fahren.

Es gibt doch nicht viel Schöneres, als dann frei zu haben, wenn (gefühlt) alle anderen arbeiten müssen!

Nimm dir doch einfach mal spontan an einem herrlichen Tag unter der Woche frei, beginne aber deinen Tag zur ganz normalen Uhrzeit, in deinem regulären Rhythmus – und biege dann von der Alltagsspur ab, um mit einer Tasse Kaffee aus der Thermoskanne dir, deiner klugen Entscheidung und deiner heutigen Freiheit zuzuprosten!

Setz dich dazu neben deinem Arbeitsweg auf das Dach deines Autos und sieh den Pendlern, zwischen denen du dich üblicherweise in Richtung deines Arbeitsalltags bewegst, einfach ganz gelassen zu…:

Genuss pur!

FAHR NUR ZUM ESSEN INS NÄCHSTE AUSLAND

Brauchst du mal wieder eine kleine Ausrede, um eine nette Spritztour mit deinem Auto zu machen? Dann pack deinen liebsten Beifahrer ein und locke ihn / sie mit den besten Gründen:

Marillenknödel! Die saftigsten, besten, großartigsten Marillenknödel gibt es einfach nur in **Salzburg!**
„Tarte flambée", also Flammkuchen! Nichts wie rüber nach **Straßburg** – nirgends ist er besser!
Apfelstrudel! Den göttlichsten gibt es mit den original Südtiroler Äpfeln auf jeden Fall in **Bozen!**
„Knedlíky", Knödel in jeder Form: lecker, lecker, lecker im grenznahen **Pilsen!**
„Moules & Frites", für superfrische Miesmuscheln mit den weltbesten Pommes musst du nur rasch nach **Antwerpen** fahren!

Für jedes einzelne dieser Gerichte lohnt sich dein Ausflug kurz rüber in unsere Nachbarländer…!

TRAUERE UM DEIN VERLORENES AUTO

75

Dein Auto war für dich etwas ganz Besonderes, du hast es nicht nur als Gebrauchsgegenstand benutzt, sondern mit ihm gesprochen, es über die Maßen gehegt und gepflegt. Du hast dich in ihm geborgen und sicher gefühlt, du hast es unendlich geschätzt, weil es dir immer zuverlässig gedient hat, und dein Lieblingsfahrzeug hat dich schon über so viele Jahre deines Lebens begleitet...

Und jetzt muss dein Schätzchen wirklich weg? Der TÜV lässt euch scheiden, es ist durch einen Unfall zerstört oder du musst es aus reiner Vernunft an jemanden verkaufen, der sich technisch besser damit auskennt?

Lass doch deinen Gefühlen freien Lauf! Auch wenn es total peinlich ist, um ein Konglomerat aus Blech, Gummi und Plastik zu trauern... jeder wahre Autofan wird mit dir fühlen und dich ehrlich bedauern! (Und eigentlich ist es ja auch egal, was die anderen denken...)

Häng ein Foto deiner Kiste an einem besonderen Ort auf, so dass du jeden Tag einen dankbaren Gedanken haben kannst.
Und bewahre die schönsten Erlebnisse mit deinem Lieblingsauto gut in deinem Kopf oder einem Fotoalbum auf: Spätestens deine Enkel werden sich sicher darüber freuen!

139

76 MACH DEN HEIRATSANTRAG IM AUTO

Es bedarf natürlich einiger Vorbereitungen, damit du deinen Liebsten / deine Liebste mit einem Heiratsantrag im Auto umwerfend überraschen und überzeugen kannst:

1: **Der Zeitpunkt muss perfekt gewählt sein!** Nichts darf dich oder deinen Liebling gerade stressen! Lass euch also keinen Termin, keinen Nerv, keine schlechte Laune, keinen Alltagsstress im Nacken sitzen.

2: **Richte dein Auto hübsch her:** Sauber geputzt, gut duftend und ordentlich aufgeräumt kommen deine Worte noch überzeugender.

3: Im Kofferraum steht natürlich der heimlich vorbereitete **Picknickkorb mit den leckersten Lieblingssnacks und -getränken.**

4: Mit einem logisch klingenden Vorwand packst du deinen Zukünftigen / deine Zukünftige neben dich ins Auto und fährst an die **perfekte Location,** um die richtigen Worte loszuwerden…
Was soll dann noch schief gehen?

Aber klar ist dir natürlich: Die oder der, der in den Genuss deines Antrags kommt, sollte das Autofahren oder vielleicht sogar dieses Auto ebenso lieben wie du! Garantiert total daneben geht dein Antrag, wenn er / sie völlig genervt in deiner Kiste sitzt!

VERSUCHE IM MOTORRAUM ZU KOCHEN

Also gleich vorweg: Der Klassiker, den man so kennt, also das Spiegelei auf einer Motorhaube (auch wenn sie über 90° Celsius heiß ist) zu braten, klappt nicht! Unter dem aufgeschlagenen Ei kühlt das Blech sehr schnell auf unter 60° ab, weil bei der Motorhaube nicht ständig neue Wärmeenergie von unten hinzukommt (anders als bei einer Pfanne auf dem Herd). Zusätzlich werden die Sonnenstrahlen, die die Motorhaube weiter aufheizen könnten, durch das Ei selbst ferngehalten... so bleibt es leider nur ein Experiment (außer du hast in unendlicher Hitze unendlich Geduld!).

Aber: Es gibt Rettung für dein Frühstücksei, vielleicht sogar für eine ganze Mahlzeit! Dein Verbrennungsmotor produziert beim Fahren viel Wärme und hat in der Regel eine Betriebstemperatur von über 80° Celsius, direkt am Auspuffkrümmer liegt die Temperatur sogar über 200° C.
Wenn du also beispielsweise aus einer Alu-Schale eine kleine Pfanne bastelst und sie mit einem rohen Ei befüllst, oder Kartoffeln mit Öl und frischem Rosmarin in Alufolie gut an den heißesten Stellen verstaust, sollte es möglich sein, dass du dich bei deiner Ankunft auf ein leckeres Essen freuen kannst. Probiere es doch einfach mal aus!

78

NIMM UNBEDINGT MAL AN EINER CHARITY-RALLYE TEIL

Eine extrem coole Rallye ist Deutschland–Tadschikistan, die vom Adventure Manufactory Team angeboten wird: **www.adventure-manufactory.com**

Mit ein, zwei oder mehr Kumpels, ein paar lustigen Abenden für die Planung, mit viel Kreativität, Flexibilität, Mut und Freude am Unvorhergesehenen wird eine Rallye zum größten Abenteuer deines Lebens – davon wirst du noch deinen Enkeln erzählen!

Es gibt inzwischen Anbieter für Charity-Rallyes, die den Teams die Organisation des Startschusses und Zieleinlaufs abnehmen und die mit diesen Aktionen nicht nur den Teilnehmern einen grandiosen Spaß bereiten, sondern auch wohltätige Zwecke erfüllen.

Deine Mission ist das Spendensammeln vor Antritt der Fahrt, manchmal auch, das Auto am Ziel zu spenden und mit coolen oder lustigen Fahrzeugen einen Riesenspaß bei einer mehr oder weniger ernstgemeinten Wettfahrt zu haben.

Reifen wechseln, Pannen meistern, täglich die beste Route suchen, im Ungewissen fahren, keinen festen Schlafplatz haben, Werkstätten finden und deren Mechanikern mit Händen und Füßen euer Problem schildern... und dabei nicht die gute Laune verlieren, sondern das Land und die Leute genießen: **Lass diese Reise zum Abenteuer deines Lebens werden.**

79

BAU DIR EINE SEIFENKISTE UND FAHR EIN IRRES RENNEN

Was für eine tolle Idee: Alle eigenen und befreundeten Familienmitglieder bauen sich irgendein Gefährt auf 4 Reifen / Rollen / Walzen – und am nächsten Wochenende geht es in einem irren Rennen den nächsten Hügel hinunter.

Wichtig ist die Kostenbegrenzung für alle (Kinder sollten sich Sponsoren suchen dürfen, die dann allerdings auf dem Fahrzeug genannt werden).

Und in die Gesamtwertung fließen nicht nur die Schnelligkeit ein, sondern auch Stylingpunkte und der originellste Fahrername.

80

MACH EIN FAHRSICHERHEITSTRAINING

Nicht nur Anfänger, sondern auch routinierte Fahrer können von einem guten Fahrsicherheitstraining profitieren. Spaßig ist ein solches Training auch mit der ganzen Familie!

Die Trainings-parcours bieten zum Üben der unterschiedlichsten Situationen spezielle Straßen-beläge und Strecken: Aquaplaningstrecke, Steigungs- und Gefällestrecke, Kurvenstrecke, Kreisbahn, Slalom-Parcours.

An einem Tag lernst du beispielsweise, welche Fahrtechniken in kritischen Situationen helfen, oder welche Gegenmaßnahmen beim Schleudern sinnvoll und vor allem auch möglich sind. Du kannst gefahrlos an und über deine Grenzen gehen (was du im normalen Straßenverkehr ja sonst nicht machen kannst), um das Verhalten eines Autos ganz genau kennen zu lernen. Ausserdem bekommst du beigebracht, wie du deine Bremse am effektivsten auf glatten und griffigen Fahrbahnen einsetzten kannst, wie die „Fliehkräfte" beim Kurvenfahren wirken und wie man bei zu schnellem Fahren doch noch „die Kurve kriegen" kann.

Angeboten werden diese Trainings für Fahranfänger (sogar schon bei begleitetem Fahren) und Fortgeschrittene jeden Alters natürlich in erster Linie vom ADAC, aber auch von verschiedenen privaten Event-Veranstaltern überall in Deutschland.

In der Regel bringst du dein eigenes Auto mit an den Start, was sinnvoll ist, weil du es nach diesem intensiven Tag nicht nur theoretisch, sondern auch praktisch in- und auswendig kennengelernt hast. Statistisch verringern sich Unfälle nach solchem Training übrigens erheblich – es lohnt sich also!

81

HÖR LAUT MUSIK AUF EINER TRAUMSTRECKE

Der absolute Klassiker:
Mozarts Symphonie Nr. 25 in g-Moll KV 183, erster Satz Allegro con brio.
Unbedingt laut anhören auf dem Traumstrecken-Klassiker:
Die westliche Uferstraße am Gardasee im frühen Frühjahr.
Ein wahrhaft emotionaler Luxus für alle Sinne!

82

SIEH DIR EIN COOLES DRAGSTERRENNEN AN

Die Filme „... denn sie wissen nicht, was sie tun" und „American Graffiti" verwandelten die damalige Jugend-Mode, sich mit frisierten Autos illegale Straßen-rennen zu liefern, in legendären Filmstoff.

Die Anfänge der Beschleunigungsrennen liegen im Amerika der 50er-Jahre: Zwei Fahrzeuge fuhren gleichzeitig an einer Ampel los und beschleunig-ten bis zu einem vereinbarten Ziel. Bald wurden die Wettkämpfe in legalem Rahmen z.B. auf Flug-plätzen veranstaltet oder wie in Südkalifornien auf ausgetrockneten Salzseen. Auch die amerika-nischen Besatzungssoldaten veranstalteten diese Art von Beschleunigungsrennen und brachten die-sen verrückten Zeitvertreib nach Europa.

Die Rennen auf dem „Santa Pod Raceway" im englischen Podington sowie die alljährlich im August
stattfindende „NitrolympX" auf dem Hockenheim-
ring in Baden-Württemberg sind die größten Ver-
anstaltungen dieser Art in Europa.
Sieh dir unbedingt einmal ein klassisches Dragster-
rennen an: Es ist ein unglaubliches Spektakel mit
wilden Freaks, höllischem Motorenlärm und -ge-
stank. Eine hochexplosive Mischung aus Sport,
Geschwindigkeit und Show.

HEIZE EIN LEERES PARKHAUS
RAUF UND RUNTER

Wahrscheinlich ist der Punkt von Parkhaus-Betreibern nicht wirklich gerne gesehen – aber ein Wahnsinns-Spaß, wenn du dich traust! Such dir ein wirklich leeres Parkhaus und darin am besten die abgelegenen obersten / untersten Etagen zu einer Zeit, in der kein Normalmensch dort parken möchte, nimm ein schnelles Auto (dem ein riskierter Wandkontakt nicht weiter schadet), eine Portion Mut und … gib Vollgas!

Einmal rauf, einmal runter (bzw. umgekehrt) und wieder raus: Sonst werden die Blicke der Wächter zu scharf und du hast unangenehme Fragen zu beantworten…

155

84

HILF BEIM UMZUG, NUR UM LKW FAHREN ZU DÜRFEN

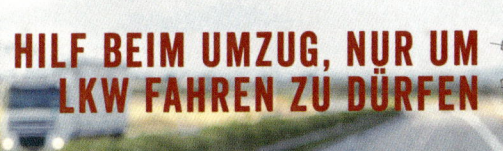

Viel zu früh aufstehen, viel zu viel schleppen, Unmengen Schweiß verlieren und am nächsten Tag einen Muskelkater vom Treppensteigen haben – nur aus Freundschaft?
Nein, nicht nur: Denn du darfst endlich mal wieder einen Lkw fahren! Was für ein tolles Gefühl, der Herrscher über Tonnen zu sein und beim Fahren lässig über den Dingen zu schweben... Allein dafür hat es sich gelohnt, beim Umzug geholfen zu haben!

Leider dürfen die richtigen Lkw (also 7,5-Tonner) nur diejenigen bewegen, die den Führerschein vor 1999 gemacht haben. Alle jüngeren müssen sich mit 3,5 Tonnen (Kastenwagen etc.) begnügen – ist aber auch schon mal ein gutes, neues Gefühl!

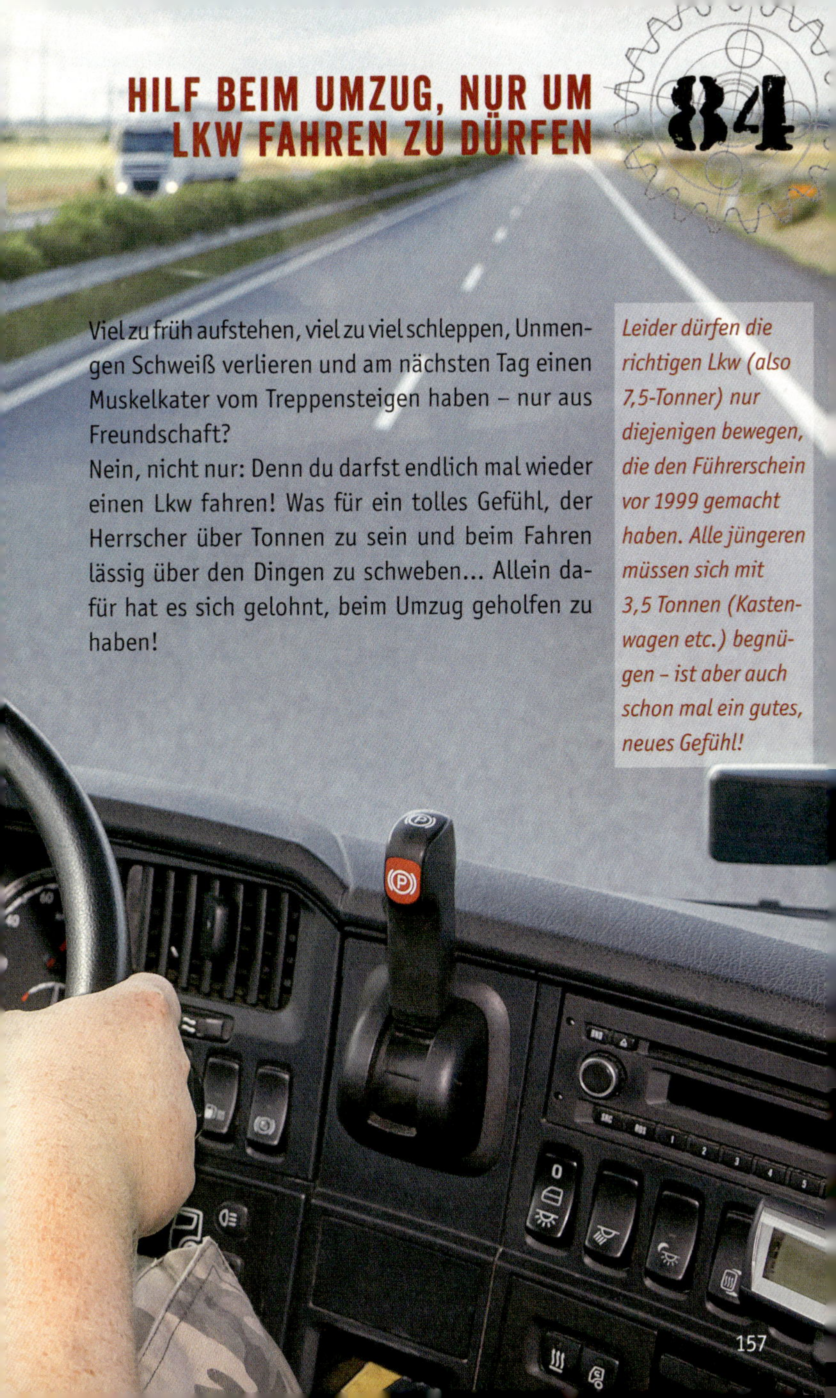

BESUCHE DAS MAYBACH-MUSEUM

Das Museum für historische Maybach-Fahrzeuge präsentiert seit 2009 auf etwa 2.500 m² hochwertiger Ausstellungsfläche die Geschichte des Maybach-Motorenbaus, seiner Fahrzeuge, seiner Motoren und Getriebe. In dieser wirklich beeindruckenden Sammlung findest du die schönsten, größten und wertvollsten Luxusautos aus den 20er- und 30er-Jahren, von denen heute weltweit nur noch rund 160 Stück existieren. Diese klassischen, extrem gepflegten Schönheiten bestaunen zu können, ist die Reise nach Neumarkt i. d. Oberpfalz sicher wert!

KENNST DU DAS STERNBILD „GROSSER WAGEN"?

Das für Autofans natürlich ultimative Sternbild ist zum Glück immer leicht zu finden: Die Sterne des „Großen Wagen" sind alle etwa gleich hell und „zirkumpolar", also: Das Sternbild sinkt nie unter den Horizont, ist deswegen (in Mitteleuropa) immer am Himmel zu finden.

Die Sterne bilden den Umriss eines Handwagens mit Deichsel – und wenn du die hintere Wagenkante nach oben verlängerst, findest du den Polarstern, also den Norden.

Wenn du das weißt, kannst du nicht nur deine Begleitung romantisch beeindrucken, sondern auch im Dunkeln immer den Heimweg finden...

STÜRZE DICH MUTIG IN DEN LINKSVERKEHR

Brauchst du mal wieder eine völlig ungewöhnliche Fahrerfahrung? Ein ganz neues Erlebnis, das dich eine Menge Konzentration kosten wird? Es gibt mehr Länder auf der Welt, als man meint, in denen du dich ganz mutig der Herausforderung stellen kannst – probiere es doch aus und stürze dich hinein in das Abenteuer Linksverkehr!

88 OLDTIMER-WATCHING AUF KUBA

Als Oldtimer-Fan solltest du so schnell wie möglich nach Kuba reisen: An jeder Straßenecke rumpeln dir die alten Limousinen als Alltagsfahrzeug entgegen! Ein Traum-Anblick für jeden Autofan. Aber mach schnell: Durch den Wegfall der Sanktionen werden auch die Kubaner rasch auf westliche Kfz-Marken umsteigen.

89 SCHENKE DEINEM AUTO EINEN WELLNESS-TAG

Einen Tag Hingabe an dein Auto!
Schenke deinem Gefährt eine komplette Wellness-Behandlung, so dass ihr beide euch wieder wohl-fühlt – aber nicht durch einen professionellen Anbieter, sondern fein per Hand. Vielleicht triffst du dich mit Freunden: So entspannt macht das Putzen noch mehr Spaß ...

1: Als Erstes das ganze Auto gründlich waschen: Natürlich mit der Hand und nicht einfach nur durch die Waschstraße fahren.

2: Reinige die Felgen mit Spezialreiniger.

3: Poliere den Lack kräftig und liebevoll mit der Hand und versiegle ihn dann mit Hartwachs.

4: Es folgt eine ausführliche Cockpitreinigung mit wirklich allen Lüftungsschlitzen, dem Aschenbecher, dem Handschuhfach und allen Winkeln.

5: Wische alle Fenster von innen.

6: Dann werden die Böden, der Kofferraum, alle Polster, Ablagefächer etc. absolut gründlich gesaugt.

7: Bei Bedarf darf eine Polster-, Himmel- oder Teppichreinigung mit Schaumseife drankommen.

8: Prüfe den Ölstand, das Wischwasser, die Kühlerflüssigkeit und den Reifendruck – evtl. auffüllen.

9: Wechsle bei dieser Gelegenheit alle Scheibenwischer und spendiere neue Eiskratzer und Scheibenwischschwämme.

10: Und zum Abschluss gönnst du deinem Auto eine schicke neue Deko und dir ein feines Bierchen.

LASS DICH MAL ZUM SPASS ABSCHLEPPEN

Weißt du eigentlich, wo sich deine Abschlepp-haken am Auto genau befinden? Und wie du ein Abschleppseil einhängst? Probiere es bei gutem Wetter mal aus und lass dich abschleppen. Erstens macht es richtig Spaß und zweitens kannst du dir und deinem Nächsten dann im Ernstfall routiniert und lässig helfen.

VERSCHENKE DEIN AUTO AN EINEN FÜHRERSCHEINNEULING

Du hast ein Auto, das dich jahrelang gut begleitet hat, aber nun gegen ein Neues ersetzt werden soll und einen sehr dankbaren Abnehmer sucht? Dann denke doch an alle Führerschein-Neulinge und verschenke dein Auto einfach...

Heute ist der Führerschein eine echte Investition, so dass jeder Anfänger dir auf ewig dankbar für ein geschenktes Fahrzeug sein wird, das er sich sonst vielleicht nicht mehr hätte leisten können.

Dreifaches Glück: Der Auto-Neubesitzer wird glücklich über sein eigenes Fahrzeug sein, mit dem er relativ unbesorgt die ersten Erfahrungen und Kratzer sammeln darf, du kannst dich freuen, dass dein treues Fahrzeug in gute, liebende Hände kommt, und die Eltern des Führerscheinneulings sind beglückt über die Option, dass sie weiter unbeschränkten Zugriff auf ihr eigenes Auto haben...

„Auch eine Schenkung sollte unmissverständlich dokumentiert werden", rät der Automobilclub Kraftfahrer-Schutz, denn für alle Fälle von Verkehrsverstößen und auch für die spätere umweltgerechte Entsorgung sei der letzte Halter verantwortlich.

Beachte allerdings: Egal ob Privatverkauf (am einfachsten ist die Übergabe per Kaufvertrag über eine symbolische Summe) oder Schenkung – immer sollten die Halter die Kfz-Zulassungsbehörden selbst informieren (passende Musterformulare mit Überschriften wie „Mitteilung über den Wechsel des Fahrzeughalters" bieten einige Zulassungsbehörden im Internet an.) und auch der Versicherung sollte der Verkaufs- bzw. Schenkungsvertrag mit Datum und Zeitpunkt der Übergabe umgehend geschickt werden.

92 FAHR DOCH MAL ZUM HOCKENHEIMRING ...

Für die Kleinstadt Hockenheim begann mit der Rennstrecke ein Aufstieg, der ihren Namen in der ganzen Welt bekannt machen sollte.

Inzwischen ist die Rennstrecke nicht nur Austragungsort des Formel-1-Grand-Prix (im Wechsel mit dem Nürburgring), sondern dazu ein großes Fun-Zentrum mit riesigen Open-Air-Konzerten, der Möglichkeit bei Touristenrennen mit dem eigenen Auto zu fahren oder auf dem Parcours mit den Inlineskates zu cruisen.

Die ursprüngliche Strecke wurde 1932 innerhalb von nur drei Monaten als etwa 12 km langer Dreieckskurs auf den unbefestigten Waldwegen im Hardtwald angelegt; unter anderem als Teststrecke für Mercedes-Benz. Die neue Grand-Prix-Strecke wurde 2002 erbaut und misst 4,574 Kilometer.

... ODER BESUCHE DEN NÜRBURGRING

Amateure und Profis verschiedenster Rennklassen messen sich hier auf zwei Kursen: Auf der traditionsreichen Nordschleife mit einer Länge von 20,832 Kilometern und der modernen 5,148 Kilometer langen Grand-Prix-Strecke.

Aber auch die Besucher können ihr Können auf der Kartbahn oder mit ihrem eigenen Auto auf der Strecke beweisen. Dazu locken natürlich diverse Fahrsicherheits- oder Offroadtrainings und das berühmte „Rock-am-Ring" Open-Air.

Der Nürburgring ist als eine der traditionsreichsten, längsten, anspruchsvollsten und meistbefahrenen Rennstrecken der Welt eine Legende. Sie wurde 1927 als „Gebirgs-, Renn- und Prüfungsstrecke" eingeweiht. Der Formel-1-Pilot Sir John Young Jackie Stewart (dreimaliger Weltmeister) war von der Strecke sogar derart beeindruckt, dass er ihr den Namen verpasste, den sie wohl nie mehr loswerden wird: „Grüne Hölle".

FAHRE MAL
ALS ANHALTER

Wenig ist spannender, unterhaltsamer und lehrreicher, als ein Gespräch mit einer tollen Zufallsbekanntschaft!

Sei doch mal mutig und lass dich auf ein Experiment ein: Für deinen nächsten Wochenend-Trip nimmst du nicht dein eigenes Auto, sondern versuchst dich als Tramper. Gut gekleidet und mit herzlichem Lächeln wirst du rasch bereitwillige Fahrer finden, die sich auf ein Gespräch mit dir freuen. Du wirst dich im besten Fall noch lange an die gemeinsamen Fahrten mit Fremden erinnern. Und wenn es doch nichts für dich ist, weil dir das Fortbewegen zu mühsam ist oder du Pech mit den Fahrern hattest, dann nimm den Zug zurück.

95 TRAU DICH UND NIMM FLUGSTUNDEN

Die maximale Steigerung zum Fahren ist nicht Schnellfahren, sondern: Fliegen!
Trau dich mal in einen (Segel-)Flieger und nimm das Steuer in die Hand, ohne den Boden bzw. die Straße unter dir zu spüren. Ein Wahnsinns-Erlebnis!

96

LASS EINEN FAHRANFÄNGER KURZ 200 KM/H FAHREN

Auweia: Unangenehmer Gedanke! Vielleicht wird es auch nicht deine schönste Lebenserfahrung – aber für den Anfänger deines Vertrauens schon, denn es ist sehr toll, dieses Vertrauen geschenkt zu bekommen und ein krasses Gefühl, ohne Erfahrung so schnell zu fahren: Das übt er dann doch lieber erst mal langsam...

Eine Panne, die heutzutage wirklich selten passiert: der geplatzte Reifen.

In der Regel können wir im Falle des Falles auf die Hilfe von Automobilclubs bauen – aber wie cool ist es, sich selbst (oder einem / einer Hilfsbedürftigen) spontan helfen zu können! Wenn du also das Reifenwechseln beherrschst (weil dein Vater oder jemand anderes es dir schon mal gezeigt hat), dann nimm dir die Zeit und bring es jemandem bei! **Du wirst ewig stolz auf dich sein,** wenn derjenige es im Notfall anwenden konnte…

98 TOP 5
AUTO-WITZE

1 Ein Polizist stoppt einen Autofahrer: „Herzlichen Glückwunsch, Sie sind der hunderttausendste Autofahrer auf dieser Straße! Sie sind nun um 10.000 Euro reicher. Wissen Sie schon, was Sie mit dem ganzen Geld anstellen werden?"

Der Fahrer antwortet spontan: „Ja, als Erstes werde ich meinen Führerschein machen!" Dann die Frau auf dem Beifahrersitz: „Glauben Sie ihm kein Wort, Herr Polizist, er ist stockbesoffen!" Darauf der taube Opa auf dem Rücksitz: „Ich wusste gleich, dass wir mit dem geklauten Auto nicht weit kommen!" Auf einmal eine Stimme aus dem Kofferraum: „Sind wir schon über der Grenze?"

2 Kommt ein Trabifahrer zur Tankstelle und sagt zum Tankwart: „Ich hätte gerne für meinen Trabant zwei neue Scheibenwischer."
„Das halte ich für einen fairen Tausch."

3 Huber schiebt seinen Wagen in die Autowerkstatt: „Die Karre springt mal wieder nicht an – aber diesmal kann es nicht an den Zündkerzen liegen, die hab' ich gestern rausgenommen!"

4 Mantafahrer: „Reparieren Sie die Hupe!"
Mechaniker: „Aber die Bremsen sind auch hin!"
Mantafahrer: „Deswegen ja..."

5 Linke Spur auf der Autobahn. Im Rückspiegel sieht der Autofahrer ein Motorrad ganz dicht hinter sich. Nach einer Stunde wird es dem Autofahrer zu bunt und er schreit aus dem Fenster: „Jetzt überhol' schon endlich!"
Der Motorradfahrer: „Geht nicht! Die Jacke ist in der Tür!"

MIETE DEIN TRAUM-AUTO ODER DEINEN TRAUM-OLDTIMER

Du kannst dir dein Traumauto einfach (noch) nicht leisten? Dann erfülle dir trotzdem deinen Traum! Mach dich gleich jetzt auf die Suche nach einem Vermieter. Kommerzielle Anbieter oder auch Fanclubs leihen dir dein Schätzchen für einen unvergesslichen Tag...

Warte nicht: Fahre! Lieber mal nur einen Tag im Liebling fahren, als nur davon zu träumen und zu warten und zu warten und zu warten...

100 GEH MIT DEINEM AUTO AUF EINE LANGE REISE

Nutze deinen fahrbaren Untersatz, um dich in der Welt umzusehen, fahre ganz spontan! Lenke dahin, wo es dich gerade im Moment hinzieht... Lass dich treiben – dein Wagen bringt dich überall hin. Und nimm dir genügend Zeit: Es gibt so viel zu sehen und du kannst alles, was du für eine längere Reise brauchst, in deinem Auto mitnehmen.

Wenn du klug packst und dein ganzes Hab und Gut in diverse Kisten verstaust, kannst du dein noch so kleines Auto perfekt nutzen: Die eine Hälfte der Rückbank wird zum Küchen„schrank" (gekocht wird draußen auf dem Bunsenkocher) und auf der anderen Seite richtest du dir deine Bad- und Freizeitutensilien stets griffbereit in Kisten ein. Zelt, Campingstühle und Schlafsack liegen im hinteren Fußraum und der Kofferraum dient dir als Kleiderschrank... Alles dabei? **Und los!**

DIE AUTOFAN-TODSÜNDE: DER WUNDERBAUM

Piña Colada

Was riecht schlimmer als ein Wunderbaum? Nichts!

Kein natürlicher Geruch kann fieser wirken als der Versuch, einen (schlechten) Eigengeruch mit billigem (schlechtem) Aroma zu überdecken: Die Verbindung aus „Zitrone" und Zigarettenrauch kann einfach nur deutlich übler werden als der Originalgestank. Und ganz fatal wird die künstliche Vermischung von Scheußlichem und Gräßlichem mit „Vanille": Welch Gedanke, die für schlecht empfundene Natur mit völlig übertriebenem Süßstoff überdecken zu wollen. Bitte nicht!

ABGEHAKT ✓

1 Sage „Ich liebe dich" zu deinem Auto .... ☐
2 Putz mal Mamas Auto .... ☐
3 Verstehe deinen Viertakt-Motor .... ☐
4 Übernachte in deinem Auto .... ☐
5 Trenn dich, wenn er/sie sagt: „Dein Auto oder ich" ...... ☐
6 Trenn dich von deinem Auto, weil er/sie es will .... ☐
7 Meistere eine Panne .... ☐
8 Lass es beim Autoscooter so richtig krachen .... ☐
9 Spiele ausgiebig Autoquartett .... ☐
10 Verleihe großzügig dein Auto .... ☐
11 Fahr einmal die Route 66 .... ☐
12 Top 10 Road-Songs .... ☐
13 Restauriere ein Auto .... ☐
14 Mach mal das Gegenteil von dem, was das Navi rät ...... ☐
15 Besuche mit Freunden das Autokino .... ☐
16 . . . oder verpasse im Autokino den Film .... ☐
17 Flirte an der roten Ampel .... ☐
18 Gib deinem Auto einen Namen .... ☐
19 Fahr mal ein echtes Autorennen .... ☐
20 Rangiere einen Anhänger rückwärts .... ☐
21 Lass dich blitzen und mach dabei Grimassen .... ☐
22 Stell dir eine spezielle Fahr-Playlist zusammen .... ☐
23 Versuche, einen Monat auf dein Auto zu verzichten ...... ☐
24 Nimm doch mal einen Tramper mit .... ☐
25 Versuche einen spektakulären Burnout .... ☐
26 Miete dir ein Wohnmobil .... ☐
27 Individualisiere mutig dein Auto .... ☐
28 Top 5 Auto-Zitate .... ☐
29 Mach einen Schweißer-Kurs .... ☐
30 Kauf dir dein erstes Auto noch einmal .... ☐

Bildnachweis: Einband, 54/55: picture-alliance/beyond/Josef; S. 6, 146/147: shutterstock/Krivosheev Vitaly; S. 11: shutterstock/Menna; S. 12: iStock/GregorBister; S. 12, 16/17, 26/27, 30/31, 48/49, 112, 130/131, 184/185: Susanne Flachmann; S. 13: iStock/Jonathan Woodcock; S. 14/15: iStock/shyflygirl; S. 16/17: shutterstock/uvisni; S. 18/19: shutterstock/Daniel Caluian; S. 20/21: iStock/Joris van Caspel; S. 22: picture-alliance / Marijan Murat; S. 25: Christian Heeb; S. 27: shutterstock/Route55; S. 28/29: picture-alliance / beyond/ beyond foto; S. 32/33: iStock/shaunl; S. 34: iStock/Stevanovic Igor; S. 36: shutterstock/hxdbzxy; S. 39: shutterstock/Aleksandar Mijatovic; S. 40/41: picture alliance / Tom Solo/TSI; S. 42/43: picture-alliance / Robert Schlesinger; S. 44/45: shutterstock/ruewi; S. 46: iStock/Image Source; S. 47: iStock/Toa55; S. 50/51: iStock/tomeng; S. 53: shutterstock/anekoho; S. 57: iStock/Jari Hindstroem; S. 59: picture alliance / dpa Themendienst/Frank Rumpenhorst; S. 60/61: iStock/DigtialStorm; S. 61/ shutterstock/Puntip Agitjarnrt; S. 62: shutterstock/VladFree; S. 62/63: shutterstock/Mrs_ya; S. 64/65: shutterstock/Vincent St. Thomas; S. 66/67: shutterstock/Ink Drop; S. 68/69: iStock/mattjeacock; S. 89: shutterstock/Emka74; S. 70/71: iStock/Stock Finland; S. 72: iStock/seraficus; S. 74: picture-alliance / Mary Evans Picture Library; S. 76/77: Zirkuswagenbau Jochen Müller; S. 78: shutterstock/Mr.Nikon; S. 80/81: iStock/Rawpixel Ltd; S. 82/83: shutterstock/Multihobbit; S. 84/85: iStock/vitpho; S. 86/87: iStock/ NordsternStudio; S. 88: iStock/NuStock; S. 89: shutterstock/Emka74; S. 90/91, 168/169: picture-alliance / Jan Haas; S. 92/93: iStock/Gorfer; S. 94/95: shutterstock/Craig Hinton; S. 96/97: picture-alliance / HOCH ZWEI; S. 98/99: shutterstock/Corepics VOF; S. 100/101: shutterstock/Robert Hoetink; S. 102/103: picture-alliance / Franziska Gabbert; S. 105, 174/175: iStock/AleksandarNakic; S. 106/107: iStock/DejanGileski; S. 108: Dr. Ing. h.c. F. Porsche AG; S. 110/111: shutterstock/g215; S. 114/115: East Car Tours; S. 116/117: picture-alliance / Abaca Mahe Bertrand 139886; S. 118: shutterstock/oneinchpunch; S. 121: BMW AG; S. 122/123: shutterstock/WTHOMEPHOTO; S. 125: iStock/tyannar81; S. 126: shutterstock/Matej Kastelic; S. 128/129: shutterstock/Kelsey Olson; S. 132/133: iStock/matt scherf; S. 135: shutterstock/hxdyl; S. 136/137: shutterstock/Blend Images; S. 138: shutterstock/Tunedin by Westend61; S. 139: shutterstock/IKD; S. 140/141: iStock/Chris Gramly; S. 143: shutterstock/06photo; S. 144/145: Adventure Manufactory UG; S. 148/149: iStock/Andrew Rich; S. 150: shutterstock/SDMANIA; S. 151: shutterstock/LianeM; S. 154/155: shutterstock/Rudmer Zwerver; S. 156/157: shutterstock/Frank11; S. 158: Daimler AG; S. 160/161: iStock/Orchidpoet; S. 162/163: iStock/Hiob; S. 164/165: iStock/ elifranssens; S. 166/167: iStock/woraput; S. 170: shutterstock/Syda Productions; S. 172/173: picture-alliance / euroluftbild.de/Hans Blossey; S. 176/177: iStock/zentilia; S. 178/179: shutterstock/pelfophoto; S. 180/181: iStock/Skip ODonnell; S. 182/183: shuttersock/PopTika; S. 186/187: iStock/lechatnoir;